数据库
技术丛书

MySQL 8
快速入门
（视频教学版）

王英英 编著

U0232933

清华大学出版社
北京

内 容 简 介

本书分为 10 章，主要包括 MySQL 的安装与配置、数据库的创建、数据表的创建、数据类型和运算符、数据表的操作（插入、更新与删除数据）、索引、视图、查询数据、PHP 访问 MySQL，最后通过一个图书管理系统的项目开发过程综合讲述实际开发中 MySQL 数据库的应用技能。本书注重实战操作，帮助读者循序渐进地掌握 MySQL 中的各项技术。

本书共有 300 个案例，还有大量的经典习题。随书赠送近 10 小时培训班形式的教学视频，详细讲解书中每一个数据库操作的方法和技巧。同时还提供了本书所有例子的源代码，读者可以直接查看和调用。

本书适合 MySQL 数据库初学者、MySQL 数据库开发人员和 MySQL 数据库管理员，同时也能作为高等院校和培训学校计算机相关专业师生的教学用书。

图书在版编目（CIP）数据

MySQL 8 快速入门：视频教学版/王英英编著.－北京：清华大学出版社，2020.8（2024.8 重印）
（数据库技术丛书）

ISBN 978-7-302-56125-5

Ⅰ．①M… Ⅱ．①王… Ⅲ．①SQL 语言－程序设计 Ⅳ.①TP311.132.3

中国版本图书馆 CIP 数据核字（2020）第 141330 号

责任编辑：夏毓彦
封面设计：王　翔
责任校对：闫秀华
责任印制：宋　林

出版发行：清华大学出版社
　　网　　　址：https://www.tup.com.cn，https://www.wqxuetang.com
　　地　　　址：北京清华大学学研大厦 A 座　　　　　　邮　　编：100084
　　社 总 机：010-83470000　　　　　　　　　　　　邮　　购：010-62786544
　　投稿与读者服务：010-62776969，c-service@tup.tsinghua.edu.cn
　　质量反馈：010-62772015，zhiliang@tup.tsinghua.edu.cn
印 装 者：北京鑫海金澳胶印有限公司
经　　销：全国新华书店
开　　本：190mm×260mm　　　　　印　张：17.5　　　　字　数：448 千字
版　　次：2020 年 10 月第 1 版　　　　　　　　　　　印　次：2024 年 8 月第 4 次印刷
定　　价：69.00 元

产品编号：084564-01

前　言

本书是面向 MySQL 数据库管理系统初学者的一本简明教程。本书针对初学者量身定做，内容简洁，注重实战，通过实例的操作与分析，引领读者快速学习和掌握 MySQL 开发和管理的基础技术，从而达到初步制作一个简单的 PHP+MySQL 动态网站的目标。

本书内容

第 1 章介绍什么是数据库、表、数据类型和主键，数据库的技术构成，什么是 MySQL，了解如何学习 MySQL，等等。

第 2 章介绍 MySQL 的安装和配置，主要包括 Windows 平台下的安装和配置、如何启动 MySQL 服务、如何更改 MySQL 的配置等。

第 3 章介绍 MySQL 数据库和数据表的基本操作，包括创建数据库、删除数据库、创建数据表、查看数据表结构、修改数据表和删除数据表。

第 4 章介绍 MySQL 中的数据类型和运算符，主要包括 MySQL 数据类型介绍、如何选择数据类型和常见运算符介绍。

第 5 章介绍如何查询数据表中的数据，主要包括基本查询语句、单表查询、使用聚合函数查询、连接查询、子查询、合并查询结果、为表和字段取别名以及使用正则表达式查询。

第 6 章介绍如何插入、更新与删除数据，包括插入数据、更新数据、删除数据。

第 7 章介绍 MySQL 中的索引，包括索引简介、如何创建各种类型的索引和如何删除索引。

第 8 章介绍 MySQL 视图，主要包括视图的概念、创建视图、查看视图、修改视图、更新视图和删除视图。

第 9 章介绍项目开发预备技术，主要包括认识 PHP 语言、PHP+MySQL 环境的集成软件、PHP 的基本语法、流程控制、类和对象、PHP 访问 MySQL 数据库。

第 10 章介绍开发图书管理系统，主要包括图书管理系统概述、系统功能分析、创建数据库和数据表、图书管理系统模块、图书管理系统文件展示、图书管理系统效果展示。

本书特色

内容简洁：基本涵盖 MySQL 的基础知识点，带领读者掌握 MySQL 数据库开发基础技术。

图文并茂：在介绍案例的过程中，每一个操作均有对应步骤和过程说明。这种图文结合的方式使读者在学习过程中能够直观、清晰地看到操作的过程以及效果，便于读者更快地理解和掌握。

案例丰富：把知识点融汇于系统的案例实训当中，并且结合综合案例进行讲解和拓展，进而达到"知其然，并知其所以然"的效果。

提示说明：本书对读者在学习过程中可能会遇到的疑难问题以"提示"的形式进行说明，以免读者在学习的过程中走弯路。

超值下载资源：本书共有 300 个详细案例源代码文件，能让读者在实战应用中掌握 MySQL 的每一项技能。下载资源中赠送近 10 小时培训班形式的教学视频，使本书真正体现"自学无忧"，令其物超所值。

源码、课件、教学视频、命令速查手册下载与技术支持

本书源码、课件、教学视频、命令速查手册可以扫描右面的二维码下载。

如果下载有问题，请发送电子邮件至 booksaga@163.com，邮件主题为"MySQL 8 快速入门（视频教学版）"。技术支持 QQ 群可查阅下载资源中的相关文件。

读者对象

本书是一本 MySQL 数据库技术的入门教程，内容简明、条理清晰、实用性强，适合以下读者学习使用：

- MySQL 数据库初学者。
- 对数据库开发有兴趣，希望快速学会 MySQL 的开发人员。
- 高等院校和培训学校计算机相关专业的师生。

鸣谢

本书由王英英编写。虽然倾注了编者的努力，但由于水平有限、时间仓促，书中难免有疏漏之处，请读者谅解。如果遇到问题或有意见和建议，敬请与我们联系，我们将全力提供帮助。

编　者
2020 年 6 月

目　　录

第 1 章

◀ 初识MySQL ▶

学习目标 Objective

　　MySQL 是一个开放源代码的数据库管理系统（Database Management System，DBMS），它是由 MySQL AB 公司开发、发布并支持的。MySQL 是一个跨平台的开源关系型数据库管理系统，广泛地应用在 Internet 上的中小型网站开发中。本章主要介绍数据库的基础知识。通过本章的学习，读者可以了解数据库的基本概念、数据库的构成和 MySQL 的基本知识。

内容导航 Navigation

- 了解什么是数据库
- 掌握什么是表、数据类型和主键
- 熟悉数据库的技术构成
- 熟悉什么是 MySQL
- 了解如何学习 MySQL

1.1 数据库基础

　　数据库由一批数据构成有序的集合，这些数据被存放在结构化的数据表里。数据表之间相互关联，反映了客观事物之间的本质联系。数据库系统提供对数据的安全控制和完整性控制。本节将介绍数据库中的一些基本概念，包括数据库的定义、数据表的定义和数据类型等。

1.1.1 什么是数据库

　　数据库的概念诞生于 60 年前，随着信息技术和市场的快速发展，数据库技术层出不穷；随着应用的拓展和深入，数据库的数量和规模越来越大，其诞生和发展给计算机信息管理带来了一场巨大的革命。

　　数据库的发展大致划分为 4 个阶段：人工管理阶段、文件系统阶段、数据库系统阶段、高级数据库阶段。其种类大概有 3 种：层次式数据库、网络式数据库和关系式数据库，不同种类的数据库按不同的数据结构来联系和组织。

对于数据库的概念，没有一个完全固定的定义，随着数据库历史的发展，定义的内容也有很大的差异，其中一种比较普遍的观点认为，数据库是一个长期存储在计算机内的、有组织的、有共享的、统一管理的数据集合。它是一个按数据结构来存储和管理数据的计算机软件系统，即数据库包含两层含义：保管数据的"仓库"，以及数据管理的方法和技术。

数据库的特点包括：实现数据共享，减少数据冗余；采用特定的数据类型；具有较高的数据独立性；具有统一的数据控制功能。

1.1.2　表

在关系数据库中，数据库表是一系列二维数组的集合，用来存储数据和操作数据的逻辑结构。它由纵向的列和横向的行组成；行被称为记录，是组织数据的单位；列被称为字段，每一列表示记录的一个属性，都有相应的描述信息，如数据类型、数据宽度等。

例如，一个有关作者信息的名为 authors 的表中，每个列包含所有作者的某个特定类型的信息，比如"姓名"，而每行则包含某个特定作者的所有信息：编号、姓名、性别、专业，如图 1.1 所示。

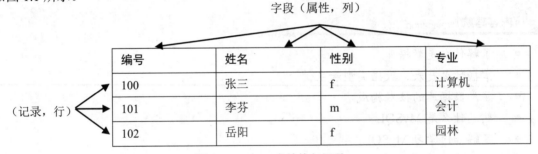

图 1.1　authors 表结构与记录

1.1.3　数据类型

数据类型决定了数据在计算机中的存储格式，它代表不同的信息类型。常用的数据类型有整数数据类型、浮点数数据类型、精确小数类型、二进制数据类型、日期/时间数据类型、字符串数据类型。

表中的每一个字段就是某种指定数据类型，比如图 1.1 中"编号"字段为整数数据，"性别"字段为字符型数据。

1.1.4　主键

主键（Primary Key）又称主码，用于唯一地标识表中的每一条记录。可以定义表中的一列或多列为主键，主键列上不能有两行相同的值，也不能为空值。假如，定义 authors 表，该表给每一个作者分配一个"作者编号"，该编号作为数据表的主键，如果出现相同的值，就提示错误，系统不能确定查询的究竟是哪一条记录；如果把作者的"姓名"作为主键，就不能出现重复的名字，这与现实中的情况不符，因此"姓名"字段不适合作为主键。

1.2　数据库技术构成

数据库系统由硬件部分和软件部分共同构成：硬件主要用于存储数据库中的数据，包括计算机、存储设备等；软件部分则主要包括 DBMS、支持 DBMS 运行的操作系统以及支持多种语言进行应用开发的访问技术等。本节将介绍数据库的技术构成。

1.2.1　数据库系统

数据库系统有 3 个主要的组成部分。

* 数据库：用于存储数据的地方。
* 数据库管理系统：用于管理数据库的软件。
* 数据库应用程序：为了提高数据库系统的处理能力所使用的、管理数据库的软件补充。

数据库系统（Database System）提供了一个存储空间用以存储各种数据，可以将数据库视为一个存储数据的容器。一个数据库可能包含许多文件，一个数据库系统中通常包含许多数据库。

数据库管理系统（Database Management System，DBMS）是用户创建、管理和维护数据库时所使用的软件，位于用户与操作系统之间，对数据库进行统一管理。DBMS 能定义数据存储结构，提供数据的操作机制，维护数据库的安全性、完整性和可靠性。

数据库应用程序（Database Application）虽然已经有了 DBMS，但是在很多情况下，DBMS 无法满足对数据管理的要求。数据库应用程序的使用可以满足对数据管理的更高要求，还可以使数据管理过程更加直观和友好。数据库应用程序负责与 DBMS 进行通信，访问和管理 DBMS 中存储的数据，允许用户插入、修改、删除 DB（Database，数据库）中的数据。

数据库系统如图 1.2 所示。

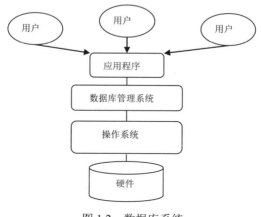

图 1.2　数据库系统

1.2.2　SQL 语言

对数据库进行查询和修改操作的语言叫作 SQL。SQL 的含义是结构化查询语言（Structured Query Languate）。SQL 有许多不同的类型，目前有 3 个主要的标准：ANSI（美国国家标准机构）SQL；对 ANSI SQL 修改后在 1992 年采纳的标准，称为 SQL-92 或 SQL 2；最近的 SQL-99 标准，从 SQL 2 扩充而来并增加了对象关系特征和许多其他新功能。其次，各大数据库厂商提供了不同版本的 SQL，这些版本的 SQL 不但能包括原始的 ANSI 标准，而且在很大程度上支持 SQL-92 标准。

SQL 语言包含以下 4 个部分：

（1）数据定义语言（DDL）：DROP、CREATE、ALTER 等语句。

（2）数据操作语言（DML）：INSERT（插入）、UPDATE（修改）、DELETE（删除）语句。

（3）数据查询语言（DQL）：SELECT 语句。

（4）数据控制语言（DCL）：GRANT、REVOKE、COMMIT、ROLLBACK 等语句。

下面是一条 SQL 语句的例子，该语句声明创建一个名叫 students 的表：

```
CREATE TABLE students
(
  student_id INT UNSIGNED,
  name VARCHAR(30),
  PRIMARY KEY (student_id)
);
```

该表包含两个字段，分别为 student_id 和 name，其中 student_id 定义为表的主键。

现在只是定义了一张表格，但并没有任何数据，接下来这条 SQL 声明语句将在 students 表中插入一条数据记录：

```
INSERT INTO students (student_id, name) VALUES (41048101, 'Lucy Green',);
```

执行完该 SQL 语句之后，students 表中就会增加一行新记录，该记录中字段 student_id 的值为 41048101，name 字段的值为 Lucy Green。

再使用 SELECT 查询语句获取刚才插入的数据，代码如下：

```
SELECT name FROM students WHERE student_id = 41048101;
+--------------+
| name         |
+--------------+
| Lucy Green   |
+--------------+
```

上面简单列举了常用的数据库操作语句，在这里给读者一个直观的印象，读者可能还不能理解，接下来会在学习 MySQL 的过程中详细介绍这些知识。

1.3　什么是 MySQL

MySQL 是一个小型关系数据库管理系统，与其他大型数据库管理系统例如 Oracle、DB2、SQL Server 等相比，MySQL 规模小、功能有限，但是它体积小、速度快、成本低，且它提供的功能对稍微复杂的应用来说已经够用，这些特性使得 MySQL 成为世界上最受欢迎的开放源代码数据库。本节将介绍 MySQL 的特点。

1.3.1　客户机-服务器软件

主从式架构（Client-Server Model）或客户端-服务器（Client/Server）结构简称 C/S 结构，是一种网络架构，通常在该网络架构下，软件分为客户端（Client）和服务器（Server）。

服务器是整个应用系统资源的存储与管理中心，多个客户端则各自处理相应的功能，共同实现完整的应用。在客户/服务器结构中，客户端用户的请求被传送到数据库服务器，数据库服务器进行处理后，将结果返回给用户，从而减少了网络数据传输量。

用户使用应用程序时，首先启动客户端，通过有关命令告知服务器进行连接以完成各种操作，而服务器则按照此请示提供相应的服务。每一个客户端软件的实例都可以向一个服务器或应用程序服务器发出请求。

这种系统的特点就是，客户端和服务器程序不在同一台计算机上运行，这些客户端和服务器程序通常归属不同的计算机。

主从式架构通过不同的途径应用于很多不同类型的应用程序，比如，现在人们熟悉的在因特网上使用的网页。例如，当顾客想要在当当网上买书的时候，计算机和网页浏览器就被当作一个客户端，同时，组成当当网的计算机、数据库和应用程序就被当作服务器。当顾客的网页浏览器向当当网请求搜寻数据库相关的图书时，当当网服务器从当当网的数据库中找出所有该类型的图书信息，结合成一个网页，再发送回顾客的浏览器。服务器端一般使用高性能的计算机，并配合使用不同类型的数据库，比如 Oracle、Sybase 或者 MySQL 等；客户端需要安装专门的软件，比如专门开发的客户端工具浏览器等。

1.3.2　MySQL 版本

针对不同用户，MySQL 分为两个不同的版本：

- MySQL Community Server（社区版服务器）：该版本完全免费，但是官方不提供技术支持。
- MySQL Enterprise Server（企业版服务器）：它能够以很高性价比为企业提供数据仓库应用，支持 ACID 事物处理，提供完整的提交、回滚、崩溃恢复和行级锁定功能。但是该版本需付费使用，官方提供电话技术支持。

> **提　示**
>
> MySQL Cluster 主要用于架设集群服务器，需要在社区版或企业版的基础上使用。

MySQL 的命名机制由 3 个数字和 1 个后缀组成，例如 MySQL-8.0.13 版本。

（1）第 1 个数字（8）是主版本号，描述了文件格式，所有版本 8 的发行版都有相同的文件格式。

（2）第 2 个数字（0）是发行级别，主版本号和发行级别组合在一起便构成了发行序列号。

（3）第 3 个数字（13）是在此发行系列的版本号，随每次新分发版本递增。通常选择已经发行的最新版本。

> **提　示**
>
> 对于 MySQL 4.1、4.0 和 3.23 等低于 5.0 的老版本，官方将不再提供支持。而所有发布的 MySQL（Current Generally Available Release）版本已经经过严格标准的测试，可以保证其安全可靠地使用。针对不同的操作系统，读者可以在 MySQL 官方下载页面（http://dev.mysql.com/downloads/）下载相应的安装文件。

1.4　新手如何学习 MySQL

在学习 MySQL 数据库之前，很多读者都会问如何才能学习好 MySQL 8.0 的相关技能呢？下面就来讲述学习 MySQL 的方法。

1. 培养兴趣

兴趣是最好的老师，不论学习什么知识，兴趣都可以极大地提高学习效率。当然，学习 MySQL 也不例外。

2. 夯实基础

计算机领域的技术非常强调基础，刚开始学习可能还认识不到这一点，随着技术应用的深入，只有打下扎实的基础功底，才能在技术的道路上走得更快、更远。对于 MySQL 的学习来说，SQL 语句是其中最为基础的部分，很多操作都是通过 SQL 语句来实现的。所以在学习的过程中，读者要多编写 SQL 语句，对于同一个功能，使用不同的实现语句来完成，从而深刻理解其不同之处。

3. 及时学习新知识

正确、有效地利用搜索引擎，可以搜索到很多关于 MySQL 的相关知识。同时，参考别人解决问题的思路，也可以吸取别人的经验，及时获取最新的技术资料。

4. 多实践操作

数据库系统具有极强的操作性，需要多动手上机操作。在实际操作的过程中才能发现问题，并思考解决问题的方法和思路，只有这样才能提高实战的操作能力。

第 2 章
◀ MySQL的安装与配置 ▶

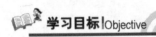

学习目标|Objective

MySQL 支持多种平台，不同平台下的安装与配置过程也不相同。在 Windows 平台下可以使用二进制的安装软件包或免安装版的软件包进行安装，二进制的安装包提供了图形化的安装向导过程，而免安装版直接解压缩即可使用。本章将主要讲述在 Windows 平台下 MySQL 的安装和配置过程。

内容导航|Navigation

- 掌握如何在 Windows 平台下安装和配置 MySQL 8.0
- 掌握启动服务并登录 MySQL 数据库
- 掌握 MySQL 的两种配置方法
- 熟悉 MySQL 常用图形管理工具
- 掌握常见的 MySQL 工具

2.1 在 Windows 平台下安装与配置 MySQL 8.0

在 Windows 平台下安装 MySQL 可以使用图行化的安装包，图形化的安装包提供了详细的安装向导，通过向导，读者可以一步一步地完成对 MySQL 的安装。本节将介绍使用图形化安装包安装 MySQL 的步骤。

2.1.1 安装 MySQL 8.0

要想在 Windows 中运行 MySQL，需要 32 位或 64 位 Windows 操作系统，例如 Windows 7、Windows 8、Windows 10、Windows Server 2012 等。Windows 可以将 MySQL 服务器作为服务来运行，通常在安装时需要具有系统的管理员权限。

在 Windows 平台下提供两种安装方式：MySQL 二进制分发版（.msi 安装文件）和免安

装版（.zip 压缩文件）。一般来讲，应当使用二进制分发版，因为该版本比其他的分发版使用起来要简单，不再需要其他工具来启动就可以运行 MySQL。

1. 下载 MySQL 安装文件

下载 MySQL 安装文件的具体操作步骤如下。

步骤 01 打开 IE 浏览器，在地址栏中输入网址：https://dev.mysql.com/downloads/installer/，单击【转到】按钮，打开 MySQL Community Server 8.0.13 下载页面，选择 Microsoft Windows 平台，然后根据读者的操作系统选择 32 位或者 64 位安装包，在这里选择 32 位，单击右侧的【Download】按钮开始下载，如图 2.1 所示。

步骤 02 在弹出的页面中提示开始下载，这里单击【Login】按钮，如图 2.2 所示。

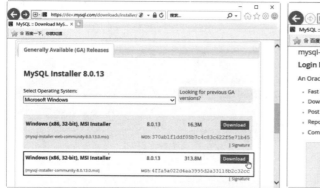

图 2.1　MySQL 下载页面　　　　　　　　图 2.2　开始下载页面

提　示

这里有 32 位的安装程序有两个版本，分别为 mysql-installer-web-community 和 mysql-installer-community，其中 mysql-installer-web-community 为在线安装版本，mysql-installer-community 为离线安装版本。

步骤 03 弹出用户登录页面，输入用户名和密码后，单击【登录】按钮，如图 2.3 所示。

步骤 04 弹出开始下载页面，单击【Download Now】按钮，即可开始下载，如图 2.4 所示。

图 2.3　用户登录页面　　　　　　　　图 2.4　开始下载页面

提　示

如果用户没有用户名和密码，那么可以单击【创建账户】链接进行注册。

2. 安装 MySQL 8.0

MySQL 下载完成后，找到下载文件，双击进行安装，具体操作步骤如下。

步骤 01　双击下载的 mysql-installer-community-8.0.13.0.msi 文件，如图 2.5 所示。

| mysql-installer-community-8.0.13.0.msi | 2018/11/7 18:05 | Windows Install... | 321,368 KB |

图 2.5　MySQL 安装文件名称

步骤 02　打开【License Agreement】（用户许可证协议）窗口，选中【I accept the license terms】（我接受许可协议）复选框，单击【Next】（下一步）按钮，如图 2.6 所示。

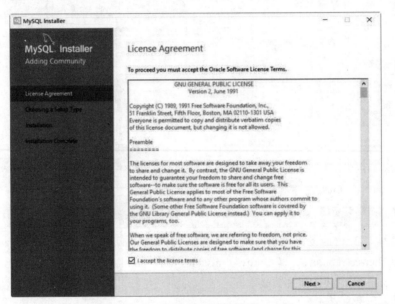

图 2.6　用户许可证协议窗口

步骤 03　打开【Choosing a Setup Type】（安装类型选择）窗口，在其中列出了 5 种安装类型，分别是：Developer Default（默认安装类型）、Server only（仅作为服务器）、Client only（仅作为客户端）、Full（完全安装）和 Custom（自定义安装类型）。这里选择【Custom】（自定义安装类型）单选按钮，单击【Next】（下一步）按钮，如图 2.7 所示。

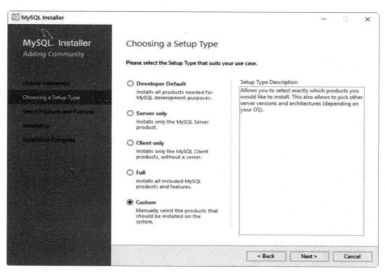

图 2.7　安装类型窗口

步骤 04　打开【Select Products and Features】（产品定制选择）窗口，选择【MySQL Server 8.0.13-x86】后，单击 ➡ 按钮，即可选择安装 MySQL 服务器。采用同样的方法，添加【Samples and Examples 8.0.13-x86】和【MySQL Documentation 8.0.13-x86】选项，如图 2.8 所示。

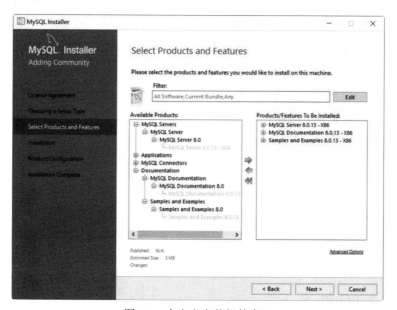

图 2.8　自定义安装组件窗口

步骤 05　单击【Next】（下一步）按钮，进入安装确认对话窗口，单击【Execute】（执行）按钮，如图 2.9 所示。

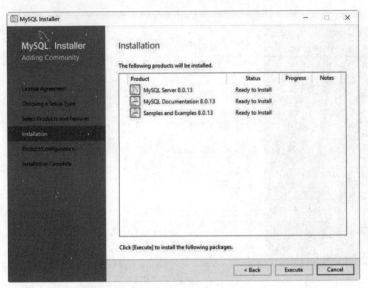

图 2.9　准备安装对话窗口

步骤 06　开始安装 MySQL 文件，安装完成后，在【Status】（状态）列表下将显示 Complete（安装完成），如图 2.10 所示。

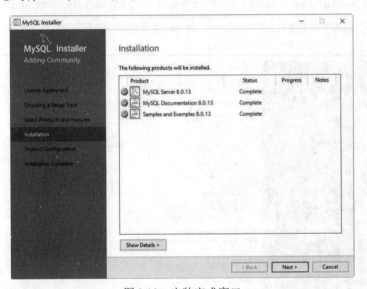

图 2.10　安装完成窗口

2.1.2　配置 MySQL 8.0

MySQL 安装完毕之后，需要对服务器进行配置，具体的配置步骤如下。

步骤 01　在 2.1.1 小节的最后一步中，单击【Next】（下一步）按钮，进入产品信息窗口，如图 2.11 所示。

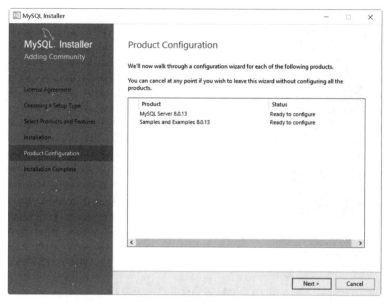

图 2.11　产品信息窗口

步骤 **02**　单击【Next】（下一步）按钮，进入服务器配置窗口，如图 2.12 所示。

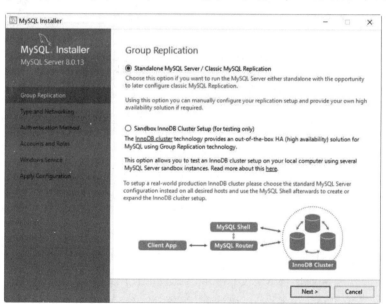

图 2.12　服务器配置窗口

步骤 **03**　单击【Next】（下一步）按钮，进入 MySQL 服务器配置窗口，采用默认设置，如图 2.13 所示。

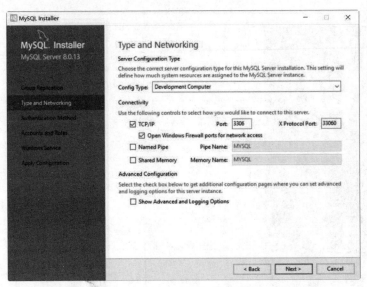

图 2.13　MySQL 服务器配置窗口

MySQL 服务器配置窗口中各个参数的含义如下。

【Server Configuration Type】：该选项用于设置服务器的类型。单击该选项右侧的向下按钮，即可看到包括 3 个选项，如图 2.14 所示。

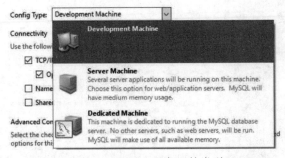

图 2.14　MySQL 服务器的类型

上图中 3 个选项的具体含义如下。

（1）Development Machine（开发机器）：该选项代表典型个人用桌面工作站。假定机器上运行着多个桌面应用程序，将 MySQL 服务器配置成使用最少的系统资源。

（2）Server Machine（服务器）：该选项代表服务器，MySQL 服务器可以同其他应用程序一起运行，例如 FTP、Email 和 Web 服务器。将 MySQL 服务器配置成使用适当比例的系统资源。

（3）Dedicated Machine（专用服务器）：该选项代表只运行 MySQL 服务的服务器。假定没有运行其他服务程序，将 MySQL 服务器配置成使用所有可用系统资源。

提 示
作为初学者，建议选择【Development Machine】（开发者机器）选项，这样占用的系统资源比较少。

步骤 04 单击【Next】（下一步）按钮，打开设置授权方式窗口。其中第一个单选项的含义：MySQL 8.0 提供的新的授权方式，采用 SHA256 基础的密码加密方法；第二个单选项的含义：传统授权方法（保留 5.x 版本兼容性）。这里选择第二个单选项，如图 2.15 所示。

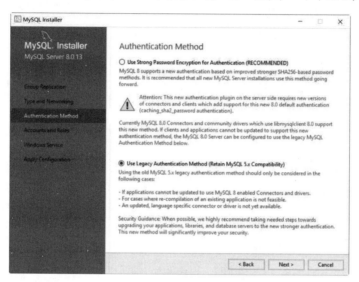

图 2.15　MySQL 服务器的类型

步骤 05 单击【Next】（下一步）按钮，打开设置服务器的密码窗口，重复输入两次同样的登录密码，如图 2.16 所示。

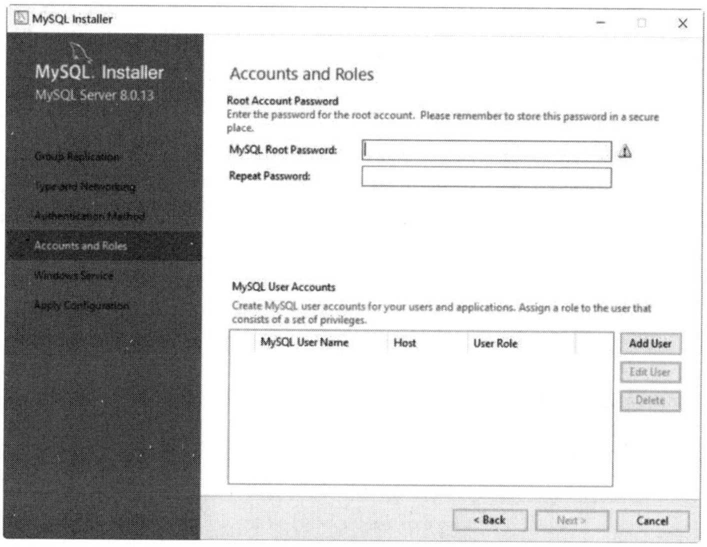

图 2.16　设置服务器的登录密码

提 示
系统默认的用户名称为 root，如果想添加新用户，可以单击【Add User】（添加用户）按钮进行添加。

步骤 06 单击【Next】（下一步）按钮，打开设置服务器名称窗口，本案例设置服务器名称为 MySQL，如图 2.17 所示。

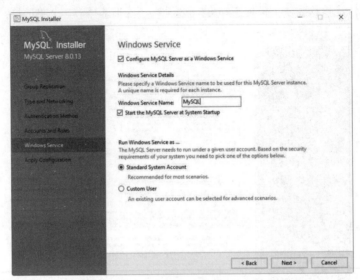

图 2.17　设置服务器的名称

步骤 07 单击【Next】（下一步）按钮，打开确认设置服务器窗口，单击【Execute】（执行）按钮，如图 2.18 所示。

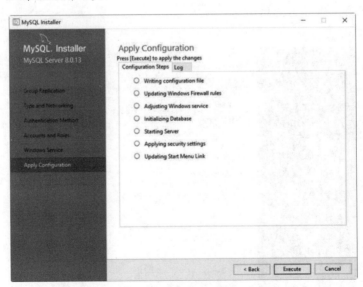

图 2.18　确认设置服务器

　　系统自动配置 MySQL 服务器。配置完成后，单击【Finish】（完成）按钮，即可完成服务器的配置，如图 2.19 所示。

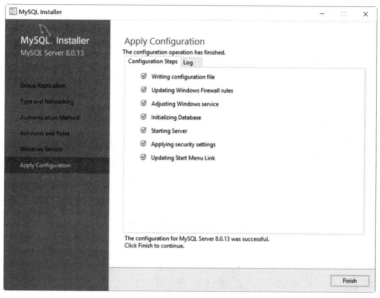

图 2.19　完成设置服务器

步骤 07　按键盘上的【Ctrl+Alt+Del】组合键，打开【任务管理器】对话框，可以看到 MySQL 服务进程 mysqld.exe 已经启动了，如图 2.20 所示。

图 2.20　任务管理器窗口

　　至此，就完成了在 Windows 10 操作系统环境下安装 MySQL 的操作。

2.2 启动服务并登录 MySQL 数据库

MySQL 安装完毕之后，需要启动服务器进程，不然客户端无法连接数据库，客户端通过命令行工具登录数据库。本节将介绍如何启动 MySQL 服务器和登录 MySQL 的方法。

2.2.1 启动 MySQL 服务

在前面的配置过程中，已经将 MySQL 安装为 Windows 服务，当 Windows 启动、停止时，MySQL 也将自动启动、停止。不过，用户还可以使用图形服务工具来控制 MySQL 服务器或从命令行使用 NET 命令。

可以通过 Windows 的服务管理器查看，具体的操作步骤如下。

步骤 01 单击【开始】菜单，在搜索框中输入 "services.msc"，按【Enter】键确认，如图 2.21 所示。

步骤 02 打开 Windows 的【服务管理器】，在其中可以看到服务名为 "MySQL" 的服务项，其右边状态为 "已启动"，表明该服务已经启动，如图 2.22 所示。

图 2.21 搜索框

图 2.22 服务管理器窗口

由于设置了 MySQL 为自动启动，因此在这里可以看到服务已经启动，而且启动类型为自动。如果没有 "已启动" 字样，就说明 MySQL 服务未启动。启动方法为：单击【开始】菜单，在搜索框中输入 "cmd"，按【Enter】键确认；弹出命令提示符界面。然后输入 "net start MySQL"，按回车键，就能启动 MySQL 服务了。停止 MySQL 服务的命令为："net stop MySQL"，如图 2.23 所示。

也可以直接双击 MySQL 服务，打开【MySQL 的属性】对话框，在其中通过单击【启动】或【停止】按钮来更改服务状态，如图 2.24 所示。

提 示
输入的 MySQL 是服务的名字。如果读者的 MySQL 服务的名字是 DB 或其他名字，那么应该输入 "net start DB" 或其他名称。

图 2.23　在命令行中启动和停止 MySQL　　　图 2.24　【MySQL 的属性】对话框

2.2.2　登录 MySQL 数据库

当 MySQL 服务启动后，便可以通过客户端来登录 MySQL 数据库。在 Windows 操作系统下，可以通过两种方式登录 MySQL 数据库。

1. 以 Windows 命令行方式登录

具体的操作步骤如下。

步骤 01　单击【开始】菜单，在搜索框中输入"cmd"，按【Enter】键确认，如图 2.25 所示。

步骤 02　打开 DOS 窗口，输入以下命令并按【Enter】键确认，如图 2.26 所示。

```
cd C:\Program Files\MySQL\MySQL Server 8.0\bin\
```

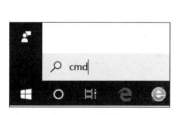

图 2.25　搜索框　　　　　　　　图 2.26　DOS 窗口

步骤 03　在 DOS 窗口中可以通过登录命令连接到 MySQL 数据库，连接 MySQL 的命令格式为：

```
mysql -h hostname -u username -p
```

其中，mysql 为登录命令，–h 后面的参数是服务器的主机地址，这里客户端和服务器在同一台机器上，所以输入 "localhost" 或者 IP 地址 "127.0.0.1"；-u 后面跟登录数据库的用户名称，这里为 "root"；-p 后面是用户登录密码。

接下来，输入如下命令：

```
mysql -h localhost -u root -p
```

按【Enter】键，系统会提示输入密码 "Enter password"，这里输入在前面配置向导中自己设置的密码，验证正确后，即可登录 MySQL 数据库，如图 2.27 所示。

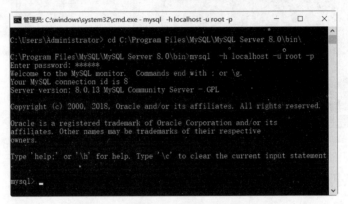

图 2.27　在 Windows 命令行登录窗口

提　示
当窗口中出现如图 2.27 所示的说明信息，命令提示符变为 "mysql>" 时，表明已经成功登录 MySQL 服务器了，可以开始对数据库进行操作。

2. 使用 MySQL Command Line Client 登录

依次选择【开始】|【所有程序】|【MySQL】|【MySQL 8.0 Command Line Client】菜单命令，进入密码输入窗口，如图 2.28 所示。

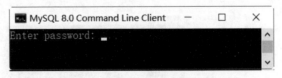

图 2.28　MySQL 命令行登录窗口

输入正确的密码之后，就可以登录 MySQL 数据库了。

2.2.3　配置 Path 变量

在前面登录 MySQL 服务器的时候，不能直接输入 MySQL 登录命令，是因为没有把 MySQL 的 bin 目录添加到系统的环境变量里面，所以不能直接使用 MySQL 命令。如果每次登录都输入 "cd C:\Program Files\MySQL\MySQL Server 8.0\bin"，才能使用 MySQL 等其他命令工具，这样比较麻烦。

　　下面介绍怎样手动配置 PATH 变量，具体的操作步骤如下。

步骤 01 在桌面上右击【此电脑】图标，在弹出的快捷菜单中选择【属性】菜单命令，如图 2.29 所示。

步骤 02 打开【系统】窗口，单击【高级系统设置】链接，如图 2.30 所示。

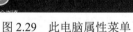

图 2.29　此电脑属性菜单

图 2.30　【系统属性】窗口

步骤 03 打开【系统属性】对话框，选择【高级】选项卡，然后单击【环境变量】按钮，如图 2.31 所示。

步骤 04 打开【环境变量】对话框，在系统变量列表中选择【Path】变量，如图 2.32 所示。

图 2.31　【系统属性】对话框

图 2.32　【环境变量】对话框

步骤 05 单击【编辑】按钮，在【编辑环境变量】对话框中，将 MySQL 应用程序的 bin 目录（C:\Program Files\MySQL\MySQL Server 8.0\bin）添加到变量值中，用分号将其与其他路径分隔开，如图 2.33 所示。

图 2.33　【编辑系统变量】对话框

步骤 06 添加完成之后，单击【确定】按钮，这样就完成了配置 PATH 变量的操作，然后就可以直接输入 MySQL 命令来登录数据库了。

2.3 小白疑难解惑

计算机技术具有很强的操作性，MySQL 的安装和配置是一件非常简单的事，但是在操作过程中也可能出现问题，读者需要多实践、多总结。

疑问 1：无法打开 MySQL 8.0 软件安装包，如何解决？

在安装 MySQL 8.0 软件安装包之前，用户需要确保系统中已经安装了.Net Framework 3.5 和.Net Framework 4.0，如果缺少这两个软件，就不能正常地安装 MySQL 8.0 软件。另外，还要确保 Windows Installer 正常安装。

疑问 2：MySQL 安装失败，如何解决？

安装过程失败多是由于重新安装 MySQL 的缘故，因为 MySQL 在删除的时候不能自动删除相关的信息。解决方法是，把以前安装的目录删除掉。删除在 C 盘的 Program File 文件夹里面 MySQL 的安装目录文件夹；同时删除 MySQL 的 DATA 目录，该目录一般为隐藏文件，其位置一般在"C:\Documents and Settings\All Users\Application Data\ MySQL"目录下，删除后重新安装即可。

2.4　习题演练

（1）下载并安装 MySQL。

（2）使用配置向导配置 MySQL 为系统服务，在【系统服务】对话框中，手动启动或者关闭 MySQL 服务。

（3）使用 net 命令启动或者关闭 MySQL 服务。

（4）使用免安装的软件包安装 MySQL。

第 3 章
◄ 操作数据库和数据表 ►

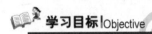
学习目标 | Objective

MySQL 安装好以后，首先需要创建数据库，这是使用 MySQL 各种功能的前提。在数据库中，数据表是数据库中重要且基本的操作对象，是数据存储的基本单位。数据表被定义为列的集合，数据在表中是按照行和列的格式来存储的。每一行代表一条唯一的记录，每一列代表记录中的一个域。

内容导航 | Navigation

- 掌握如何创建数据库
- 熟悉数据库的删除操作
- 掌握如何创建数据表
- 掌握查看数据表结构的方法
- 掌握如何修改数据表
- 熟悉删除数据表的方法

3.1 创建数据库

MySQL 安装完成之后，将会在其 data 目录下自动创建几个必需的数据库，可以使用 SHOW DATABASES 语句来查看当前所有存在的数据库，输入语句如下：

```
mysql> SHOW DATABASES;
+--------------------+
| Database           |
+--------------------+
| information_schema |
| mysql              |
| performance_schema |
| sakila             |
```

```
| sys                    |
| world                  |
+------------------------+
```

可以看到，数据库列表中包含 6 个数据库，其中 MySQL 是必需的，它描述用户访问权限。

创建数据库是在系统磁盘上划分一块区域用于数据的存储和管理，如果管理员在设置权限的时候为用户创建了数据库，就可以直接使用，否则需要自己创建数据库。在 MySQL 中创建数据库的基本 SQL 语法格式如下：

```
CREATE DATABASE database_name;
```

database_name 为要创建的数据库的名称，该名称不能与已经存在的数据库重名。

【例 3.1】创建测试数据库 test_db，输入语句如下：

```
CREATE DATABASE test_db;
```

数据库创建好之后，可以使用 SHOW CREATE DATABASE 语句查看数据库的定义。

【例 3.2】查看创建好的数据库 test_db 的定义，输入语句如下：

```
mysql> SHOW CREATE DATABASE test_db\G
*** 1. row ***
      Database: test_db
Create Database: CREATE DATABASE `test_db` /*!40100 DEFAULT CHARACTER SET
utf8 */
```

可以看到，如果数据库创建成功，就会显示数据库的创建信息。

再次使用 SHOW DATABASES 语句来查看当前所有存在的数据库，输入语句如下：

```
mysql> SHOW databases;
+------------------------+
| Database               |
+------------------------+
| information_schema     |
| mysql                  |
| performance_schema     |
| sakila                 |
| sys                    |
| test_db                |
| world                  |
+------------------------+
```

可以看到，数据库列表中包含刚刚创建的数据库 test_db 和其他已经存在的数据库的名称。

3.2 删除数据库

删除数据库是将已经存在的数据库从磁盘空间上清除，清除之后，数据库中的所有数据也将一同被删除。删除数据库语句和创建数据库的命令相似，MySQL 中删除数据库的基本语法格式如下：

```
DROP DATABASE database_name;
```

database_name 为要删除的数据库的名称，如果指定的数据库不存在，删除就会出错。

【例 3.3】删除测试数据库 test_db，输入语句如下：

```
DROP DATABASE test_db;
```

语句执行完毕之后，数据库 test_db 将被删除，再次使用 SHOW CREATE DATABASE 声明查看数据库的定义，结果如下：

```
mysql> SHOW CREATE DATABASE test_db\G
ERROR 1049 (42000): Unknown database 'test_db'
```

执行结果给出一条错误信息：ERROR 1049 (42000)：Unknown database 'test_db'，即数据库 test_db 已不存在，表明删除成功。

3.3 创建数据表

在创建完数据库之后，接下来的工作就是创建数据表。所谓创建数据表，指的是在已经创建好的数据库中建立新表。创建数据表的过程是规定数据列的属性的过程，同时也是实施数据完整性（包括实体完整性、引用完整性和域完整性等）约束的过程。本节将介绍创建数据表的语法形式，如何添加主键约束、外键约束、非空约束等。

3.3.1 创建表的语法形式

数据表属于数据库，在创建数据表之前，应该使用语句"USE <数据库名>"指定操作是在哪个数据库中进行的，如果没有选择数据库，就会抛出 No database selected 的错误。

创建数据表的语句为 CREATE TABLE，语法规则如下：

```
CREATE  TABLE <表名>
(
    字段名1，数据类型 [列级别约束条件] [默认值]，
    字段名2，数据类型 [列级别约束条件] [默认值]，
    ……
```

```
［表级别约束条件］
);
```

使用 CREATE TABLE 创建表时，必须指定以下信息：

（1）要创建的表的名称，不区分大小写，不能使用 SQL 语言中的关键字，如 DROP、ALTER、INSERT 等。

（2）数据表中每一个列（字段）的名称和数据类型，如果创建多个列，就要用逗号隔开。

【例 3.4】创建员工表 tb_emp1，结构如表 3.1 所示。

表 3.1　tb_emp1 表结构

字段名称	数据类型	备　注
id	INT(11)	员工编号
name	VARCHAR(25)	员工名称
deptId	INT(11)	所在部门编号
salary	FLOAT	工资

首先创建数据库，SQL 语句如下：

```
CREATE  DATABASE test_db;
```

选择创建表的数据库，SQL 语句如下：

```
USE test_db;
```

创建 tb_emp1 表，SQL 语句如下：

```
CREATE TABLE tb_emp1
(
  id     INT(11),
  name   VARCHAR(25),
  deptId INT(11),
  salary FLOAT
);
```

语句执行后，便创建了一个名称为 tb_emp1 的数据表，使用 SHOW TABLES 语句查看数据表是否创建成功，SQL 语句如下：

```
mysql> SHOW TABLES;
+----------------------+
| Tables_in_ test_db   |
+----------------------+
| tb_emp1              |
+----------------------+
```

可以看到，test_db 数据库中已经有了数据表 tb_emp1，数据表创建成功。

3.3.2　使用主键约束

主键又称主码，是表中一列或多列的组合。主键约束（Primary Key Constraint）要求主键列的数据唯一，并且不允许为空。主键能够唯一地标识表中的一条记录，可以结合外键来定义不同数据表之间的关系，并且可以加快数据库查询的速度。主键和记录之间的关系如同身份证和人之间的关系，它们之间是一一对应的。主键分为两种类型：单字段主键和多字段联合主键。

1. 单字段主键

主键由一个字段组成，SQL 语句格式分为以下两种情况。

（1）在定义列的同时指定主键，语法规则如下：

```
字段名 数据类型 PRIMARY KEY [默认值]
```

【例 3.5】定义数据表 tb_emp 2，其主键为 id，SQL 语句如下：

```
CREATE TABLE tb_emp2
(
  id        INT(11) PRIMARY KEY,
  name      VARCHAR(25),
  deptId    INT(11),
  salary    FLOAT
);
```

（2）在定义完所有列之后指定主键，语法规则如下：

```
[CONSTRAINT <约束名>] PRIMARY KEY [字段名]
```

【例 3.6】定义数据表 tb_emp 3，其主键为 id，SQL 语句如下：

```
CREATE TABLE tb_emp3
(
  id INT(11),
  name VARCHAR(25),
  deptId INT(11),
  salary FLOAT,
  PRIMARY KEY(id)
);
```

上述两个例子执行后的结果是一样的，都会在 id 字段上设置主键约束。

2. 多字段联合主键

主键由多个字段联合组成，语法规则如下：

```
PRIMARY KEY [字段1，字段2,...,字段 n]
```

【例 3.7】定义数据表 tb_emp4，假设表中没有主键 id，为了唯一确定一个员工，可以把 name、deptId 联合起来作为主键，SQL 语句如下：

```
CREATE TABLE tb_emp4
(
  name VARCHAR(25),
  deptId INT(11),
  salary FLOAT,
  PRIMARY KEY(name,deptId)
);
```

语句执行后，便创建了一个名称为 tb_emp4 的数据表，name 字段和 deptId 字段组合在一起成为 tb_emp4 的多字段联合主键。

3.3.3　使用外键约束

外键用来在两个表的数据之间建立连接，它可以是一列或者多列。一个表可以有一个或多个外键。外键对应的是参照完整性，一个表的外键可以为空值，若不为空值，则每一个外键值必须等于另一个表中主键的某个值。

对于外键来说，首先它是表中的一个字段，可以不是本表的主键，但对应另一个表的主键。外键的主要作用是保证数据引用的完整性，定义外键后，不允许删除其在另一个表中具有关联关系的行。外键的作用是保持数据的一致性、完整性。例如，部门表 tb_dept 的主键是 id，在员工表 tb_emp5 中有一个键 deptId 与这个 id 关联。

- 主表（父表）：对于两个具有关联关系的表而言，相关联字段中主键所在的那个表就是主表。
- 从表（子表）：对于两个具有关联关系的表而言，相关联字段中外键所在的那个表就是从表。

创建外键的语法规则如下：

```
[CONSTRAINT <外键名>] FOREIGN KEY 字段名1 [ ,字段名2,…]
REFERENCES <主表名> 主键列1 [ ,主键列2,…]
```

"外键名"为定义的外键约束的名称，一个表中不能有相同名称的外键；"字段名"表示子表需要添加外键约束的字段列；"主表名"即被子表外键所依赖的表的名称；"主键列"表示主表中定义的主键列，或者列组合。

【例 3.8】定义数据表 tb_emp5，并在 tb_emp5 表上创建外键约束。

创建一个部门表 tb_dept1，表结构如表 3.2 所示，SQL 语句如下：

```
CREATE TABLE tb_dept1
(
  id      INT(11) PRIMARY KEY,
```

```
name    VARCHAR(22)  NOT NULL,
location  VARCHAR(50)
);
```

表 3.2 tb_dept1 表结构

字段名称	数据类型	备　注
id	INT(11)	部门编号
name	VARCHAR(22)	部门名称
location	VARCHAR(50)	部门位置

定义数据表 tb_emp5，让它的键 deptId 作为外键关联到 tb_dept1 的主键 id，SQL 语句如下：

```
CREATE TABLE tb_emp5
(
  id      INT(11) PRIMARY KEY,
  name    VARCHAR(25),
  deptId  INT(11),
  salary  FLOAT,
  CONSTRAINT fk_emp_dept1 FOREIGN KEY(deptId) REFERENCES tb_dept1(id)
);
```

以上语句执行成功之后，在表 tb_emp5 上添加了名称为 fk_emp_dept1 的外键约束，外键名称为 deptId，其依赖于表 tb_dept1 的主键 id。

> 提　示
>
> 　　关联指的是在关系型数据库中，相关表之间的联系。它是通过相容或相同的属性或属性组来表示的。子表的外键必须关联父表的主键，且关联字段的数据类型必须匹配，如果类型不一样，在创建子表时，就会出现错误：ERROR 1005 (HY000): Can't create table 'database.tablename'(errno: 150)。

3.3.4 使用非空约束

非空约束（Not Null Constraint）指字段的值不能为空。对于使用了非空约束的字段，如果用户在添加数据时没有指定值，数据库系统就会报错。

非空约束的语法规则如下：

```
字段名 数据类型 not null
```

【例 3.9】定义数据表 tb_emp6，指定员工的名称不能为空，SQL 语句如下：

```
CREATE TABLE tb_emp6
(
  id      INT(11) PRIMARY KEY,
  name    VARCHAR(25) NOT NULL,
```

```
   deptId  INT(11),
   salary  FLOAT
);
```

语句执行后，在 tb_emp6 中创建了一个 name 字段，其插入值不能为空（NOT NULL）。

3.3.5　使用唯一性约束

唯一性约束（Unique Constraint）要求该列唯一，允许为空，但只能出现一个空值。唯一性约束可以确保一列或者几列不出现重复值。

唯一性约束的语法规则如下：

（1）在定义完列之后直接指定唯一性约束，语法规则如下：

```
字段名 数据类型 UNIQUE
```

【例 3.10】定义数据表 tb_dept2，指定部门的名称唯一，SQL 语句如下：

```
CREATE TABLE tb_dept2
(
  id       INT(11) PRIMARY KEY,
  name     VARCHAR(22) UNIQUE,
  location VARCHAR(50)
);
```

（2）在定义完所有列之后指定唯一性约束，语法规则如下：

```
[CONSTRAINT <约束名>] UNIQUE(<字段名>)
```

【例 3.11】定义数据表 tb_dept3，指定部门的名称唯一，SQL 语句如下：

```
CREATE TABLE tb_dept3
(
  id       INT(11),
  name     VARCHAR(22),
  location VARCHAR(50),
  CONSTRAINT STH UNIQUE(name)
);
```

UNIQUE 和 PRIMARY KEY 的区别：一个表中可以有多个字段声明为 UNIQUE，但只能有一个 PRIMARY KEY 声明；声明为 PRIMAY KEY 的列不允许有空值，但是声明为 UNIQUE 的字段允许空值的存在。

3.3.6　使用默认约束

默认约束（Default Constraint）指定某列的默认值。比如男性同学较多，性别就可以默认为"男"。如果插入一条新的记录时没有为这个字段赋值，那么系统会自动为这个字段赋值为"男"。

默认约束的语法规则如下：

```
字段名 数据类型 DEFAULT 默认值
```

【例 3.12】定义数据表 tb_emp7，指定员工的部门编号默认为 1111，SQL 语句如下：

```
CREATE TABLE tb_emp7
(
  id      INT(11) PRIMARY KEY,
  name    VARCHAR(25) NOT NULL,
  deptId  INT(11) DEFAULT 1111,
  salary  FLOAT
);
```

以上语句执行成功之后，表 tb_emp7 上的字段 deptId 拥有了一个默认的值 1111，新插入的记录如果没有指定部门编号，那么都默认为 1111。

3.3.7　设置表的属性值自动增加

在数据库应用中，经常希望在每次插入新记录时，系统自动生成字段的主键值。可以通过为表主键添加 AUTO_INCREMENT 关键字来实现。默认地，在 MySQL 中，AUTO_INCREMENT 的初始值是 1，每新增一条记录，字段值自动加 1。一个表只能有一个字段使用 AUTO_INCREMENT 约束，且该字段必须为主键的一部分。AUTO_INCREMENT 约束的字段可以是任何整数类型（TINYINT、SMALLINT、INT、BIGINT 等）的。

设置表的属性值自动增加的语法规则如下：

```
字段名 数据类型 AUTO_INCREMENT
```

【例 3.13】定义数据表 tb_emp8，指定员工的编号自动递增，SQL 语句如下：

```
CREATE TABLE tb_emp8
(
  id      INT(11) PRIMARY KEY AUTO_INCREMENT,
  name    VARCHAR(25) NOT NULL,
  deptId  INT(11),
  salary  FLOAT
);
```

上述例子执行后，会创建名称为 tb_emp8 的数据表。表 tb_emp8 中的 id 字段的值在添加记录的时候会自动增加，在插入记录的时候，默认的自增字段 id 的值从 1 开始，每次添加一条新记录，该值自动加 1。

例如，执行如下插入语句：

```
mysql> INSERT INTO tb_emp8 (name,salary)
-> VALUES('Lucy',1000), ('Lura',1200),('Kevin',1500);
```

语句执行完后，tb_emp8 表中增加了 3 条记录，在这里并没有输入 id 的值，但系统已经自动添加该值，使用 SELECT 命令查看记录，结果如下：

```
mysql> SELECT * FROM tb_emp8;
+----+--------+----------+------------+
| id | name   | deptId   | salary     |
+----+--------+----------+------------+
| 1  | Lucy   | NULL     | 1000       |
| 2  | Lura   | NULL     | 1200       |
| 3  | Kevin  | NULL     | 1500       |
+----+--------+----------+------------+
```

> **提　示**
>
> 这里使用 INSERT 声明向表中插入记录的方法，并不是 SQL 的标准语法，这种语法
> 不一定被其他的数据库支持，只能在 MySQL 中使用。

3.4　查看数据表结构

使用 SQL 语句创建数据表之后，可以查看表结构的定义，以确认表的定义是否正确。在
MySQL 中，查看表结构可以使用 DESCRIBE 和 SHOW CREATE TABLE 语句。本节将针对
这两个语句分别进行详细讲解。

3.4.1　查看表基本结构语句 DESCRIBE

DESCRIBE/DESC 语句可以查看表的字段信息，其中包括：字段名、字段数据类型、是
否为主键、是否有默认值等。语法规则如下：

```
DESCRIBE 表名;
```

或者简写为：

```
DESC 表名;
```

【例 3.14】分别使用 DESCRIBE 和 DESC 查看表 tb_dept1 和表 tb_emp1 的表结构。

查看表 tb_dept1 的表结构，SQL 语句如下：

```
mysql> DESCRIBE tb_dept1;
+----------+-------------+------+-----+---------+-------+
| Field    | Type        | Null | Key | Default | Extra |
+----------+-------------+------+-----+---------+-------+
| id       | int(11)     | NO   | PRI | NULL    |       |
| name     | varchar(22) | NO   |     | NULL    |       |
| location | varchar(50) | YES  |     | NULL    |       |
+----------+-------------+------+-----+---------+-------+
```

查看表 tb_emp1 的表结构，SQL 语句如下：

```
mysql> DESC tb_emp1;
+--------+-------------+------+-----+---------+-------+
| Field  | Type        | Null | Key | Default | Extra |
+--------+-------------+------+-----+---------+-------+
| id     | int (11)    | YES  |     | NULL    |       |
| name   | varchar(25) | YES  |     | NULL    |       |
| deptId | int (11)    | YES  |     | NULL    |       |
| salary | float       | YES  |     | NULL    |       |
+--------+-------------+------+-----+---------+-------+
```

其中，各个字段的含义分别解释如下：

- NULL：表示该列是否可以存储 NULL 值。
- Key：表示该列是否已编制索引。PRI 表示该列是表主键的一部分；UNI 表示该列是 UNIQUE 索引的一部分；MUL 表示在列中某个给定值允许出现多次。
- Default：表示该列是否有默认值，如果有的话，那么值是多少。
- Extra：表示可以获取的、与给定列有关的附加信息，例如 AUTO_INCREMENT 等。

3.4.2 查看表详细结构语句 SHOW CREATE TABLE

SHOW CREATE TABLE 语句可以用来显示创建表时的 CREATE TABLE 语句，语法格式如下：

```
SHOW CREATE TABLE <表名\G>;
```

提　示
使用 SHOW CREATE TABLE 语句不仅可以查看表创建时的详细语句，还可以查看存储引擎和字符编码。

如果不加"\G"参数，显示的结果就可能非常混乱，加上参数"\G"之后，可使显示结果更加直观，易于查看。

【例 3.15】使用 SHOW CREATE TABLE 查看表 tb_emp1 的详细信息，SQL 语句如下：

```
mysql> SHOW CREATE TABLE tb_emp1;
+--------+------------------------------------------------------------+
| Table  | Create Table                                               |
+--------+------------------------------------------------------------+
| fruits | CREATE TABLE `fruits` (
 `f_id` char(10) NOT NULL,
 `s_id` int(11) NOT NULL,
 `f_name` char(255) NOT NULL,
 `f_price` decimal(8,2) NOT NULL,
  PRIMARY KEY (`f_id`),
```

```
  KEY `index_name` (`f_name`),
  KEY `index_id_price` (`f_id`,`f_price`)
) ENGINE=InnoDB DEFAULT CHARSET=utf8mb4 COLLATE=utf8mb4_0900_ai_ci |
+--------+--------------------------------------------------------------+
```

使用参数 "\G" 之后的结果如下：

```
mysql> SHOW CREATE TABLE tb_emp1\G
*** 1. row ***
      Table: tb_emp1
Create Table: CREATE TABLE `tb_emp1` (
  `id` int(11) DEFAULT NULL,
  `name` varchar(25) DEFAULT NULL,
  `deptId` int(11) DEFAULT NULL,
  `salary` float DEFAULT NULL
) ENGINE=InnoDB DEFAULT CHARSET=utf8mb4 COLLATE=utf8mb4_0900_ai_ci
1 row in set (0.00 sec)
```

3.5　修改数据表

修改表指的是修改数据库中已经存在的数据表的结构。MySQL 使用 ALTER TABLE 语句修改表。常用的修改表的操作有：修改表名、修改字段数据类型或字段名、增加和删除字段、修改字段的排列位置、更改表的存储引擎、删除表的外键约束等。本节将对修改表及其相关的操作进行讲解。

3.5.1　修改表名

MySQL 通过 ALTER TABLE 语句来实现表名的修改，具体的语法规则如下：

```
ALTER TABLE <旧表名> RENAME [TO] <新表名>;
```

其中，TO 为可选参数，使用与否均不影响结果。

【例 3.16】将数据表 tb_dept3 改名为 tb_deptment3。

执行修改表名操作之前，使用 SHOW TABLES 查看数据库中所有的表，SQL 语句如下：

```
mysql> SHOW TABLES;
+--------------------+
| Tables_in_test_db  |
+--------------------+
| tb_dept            |
| tb_dept2           |
| tb_dept3           |
```

```
……省略部分内容
```

使用 ALTER TABLE 将表 tb_dept3 改名为 tb_deptment3，SQL 语句如下：

```
ALTER TABLE tb_dept3 RENAME tb_deptment3;
```

语句执行之后，检验表 tb_dept3 是否改名成功。使用 SHOW TABLES 查看数据库中的表，结果如下：

```
mysql> SHOW TABLES;
+--------------------+
| Tables_in_test_db  |
+--------------------+
| tb_dept            |
| tb_dept2           |
| tb_deptment3       |
……省略部分内容
```

经过比较可以看到，数据表列表中已经有了名称为 tb_deptment3 的表。

提 示
读者可以在修改表名称时使用 DESC 命令查看修改前后两个表的结构，修改表名并不修改表的结构，因此修改名称后的表和修改名称前的表的结构必然是相同的。

3.5.2　修改字段的数据类型

修改字段的数据类型就是把字段的数据类型转换成另一种数据类型。在 MySQL 中修改字段数据类型的语法规则如下：

```
ALTER TABLE <表名> MODIFY <字段名> <数据类型>
```

其中，"表名"指要修改数据类型的字段所在表的名称，"字段名"指需要修改的字段，"数据类型"指修改后字段的新数据类型。

【例 3.17】将数据表 tb_dept1 中，name 字段的数据类型由 VARCHAR(22)修改成 VARCHAR(30)。

执行修改表名操作之前，使用 DESC 查看 tb_dept 表结构，结果如下：

```
mysql> DESC tb_dept1;
+----------+-------------+--------+-------+-------------+-------+
| Field    | Type        | Null   | Key   |Default      | Extra |
+----------+-------------+--------+-------+-------------+-------+
| id       | int(11)     | NO     | PRI   | NULL        |       |
| name     | varchar(22) | YES    |       | NULL        |       |
| location | varchar(50) | YES    |       | NULL        |       |
+----------+-------------+--------+-------+-------------+-------+
```

可以看到现在 name 字段的数据类型为 VARCHAR(22)，下面修改其类型，输入如下 SQL 语句并执行：

```
ALTER TABLE tb_dept1 MODIFY name VARCHAR(30);
```

再次使用 DESC 查看表，结果如下：

```
mysql> DESC tb_dept1;
+----------+--------------+--------+--------+-------------+-------+
| Field    | Type         | Null   | Key    |Default      | Extra |
+----------+--------------+--------+--------+-------------+-------+
| id       | int(11)      | NO     | PRI    | NULL        |       |
| name     | varchar(30)  | YES    |        | NULL        |       |
| location | varchar(50)  | YES    |        | NULL        |       |
+----------+--------------+--------+--------+-------------+-------+
```

语句执行之后，检验会发现表 tb_dept 中 name 字段的数据类型已经修改成了 VARCHAR(30)，修改成功。

3.5.3　修改字段名

在 MySQL 中，修改表字段名的语法规则如下：

```
ALTER TABLE <表名> CHANGE <旧字段名> <新字段名> <新数据类型>;
```

其中，"旧字段名"指修改前的字段名；"新字段名"指修改后的字段名；"新数据类型"指修改后的数据类型，如果不需要修改字段的数据类型，那么将新数据类型设置成与原来一样即可，但数据类型不能为空。

【例 3.18】将数据表 tb_dept1 中的 location 字段名称改为 loc，数据类型保持不变，SQL 语句如下：

```
ALTER TABLE tb_dept1 CHANGE location loc VARCHAR(50);
```

使用 DESC 查看表 tb_dept1，会发现字段的名称已经修改成功，结果如下：

```
mysql> DESC tb_dept1;
+----------+--------------+--------+--------+---------+-------+
| Field    | Type         | Null   | Key    |Default  | Extra |
+----------+--------------+--------+--------+---------+-------+
| id       | int(11)      | NO     | PRI    | NULL    |       |
| name     | varchar(30)  | YES    |        | NULL    |       |
| loc      | varchar(50)  | YES    |        | NULL    |       |
+----------+--------------+--------+--------+---------+-------+
```

【例 3.19】将数据表 tb_dept1 中的 loc 字段名称改为 location，同时将数据类型变为 VARCHAR(60)，SQL 语句如下：

```
ALTER TABLE tb_dept1 CHANGE loc location VARCHAR(60);
```

使用 DESC 查看表 tb_dept1，会发现字段的名称和数据类型均已经修改成功，结果如下：

```
mysql> DESC tb_dept1;
+----------+-------------+------+-----+---------+-------+
| Field    | Type        | Null | Key |Default  | Extra |
+----------+-------------+------+-----+---------+-------+
| id       | int(11)     | NO   | PRI | NULL    |       |
| name     | varchar(30) | YES  |     | NULL    |       |
| location | varchar(60) | YES  |     | NULL    |       |
+----------+-------------+------+-----+---------+-------+
```

> **提　示**
>
> 　　CHANGE 也可以只修改数据类型，实现和 MODIFY 同样的效果，方法是将 SQL 语句中的"新字段名"和"旧字段名"设置为相同的名称，只改变"数据类型"。
>
> 　　由于不同类型的数据在机器中存储的方式及长度并不相同，修改数据类型可能会影响数据表中已有的数据记录，因此，当数据库表中已经有数据时，不要轻易修改数据类型。

3.5.4　添加字段

随着业务需求的变化，可能需要在已经存在的表中添加新的字段。一个完整字段包括字段名、数据类型、完整性约束。添加字段的语法格式如下：

```
ALTER TABLE <表名> ADD <新字段名> <数据类型>
[约束条件] [FIRST | AFTER 已存在字段名];
```

新字段名为需要添加的字段的名称；FIRST 为可选参数，其作用是将新添加的字段设置为表的第一个字段；AFTER 为可选参数，其作用是将新添加的字段添加到指定的"已存在字段名"的后面。

> **提　示**
>
> 　　"FIRST | AFTER 已存在字段名"用于指定新增字段在表中的位置，如果 SQL 语句中没有这两个参数，就默认将新添加的字段设置为数据表的最后列。

1. 添加无完整性约束条件的字段

【例 3.20】在数据表 tb_dept1 中添加一个没有完整性约束的 INT 类型的字段 managerId（部门经理编号），SQL 语句如下：

```
ALTER TABLE tb_dept1 ADD managerId INT(10);
```

使用 DESC 查看表 tb_dept1，会发现在表的最后添加了一个名为 managerId 的 INT 类型的字段，结果如下：

```
mysql> DESC tb_dept1;
+------------+-------------+------+-----+---------+-------+
| Field      | Type        | Null | Key | Default | Extra |
+------------+-------------+------+-----+---------+-------+
| id         | int(11)     | NO   | PRI | NULL    |       |
| name       | varchar(30) | YES  |     | NULL    |       |
| location   | varchar(60) | YES  |     | NULL    |       |
| managerId  | int(10)     | YES  |     | NULL    |       |
+------------+-------------+------+-----+---------+-------+
```

2. 添加有完整性约束条件的字段

【例 3.21】在数据表 tb_dept1 中添加一个不能为空的 VARCHAR(12)类型的字段 column1，SQL 语句如下：

```
ALTER TABLE tb_dept1 ADD column1 VARCHAR(12) not null;
```

使用 DESC 查看表 tb_dept1，会发现在表的最后添加了一个名为 column1 的 VARCHAR(12)类型且不为空的字段，结果如下：

```
mysql> DESC tb_dept1;
+-----------+-------------+------+-----+---------+-------+
| Field     | Type        | Null | Key | Default | Extra |
+-----------+-------------+------+-----+---------+-------+
| id        | int(11)     | NO   | PRI | NULL    |       |
| name      | varchar(30) | YES  |     | NULL    |       |
| location  | varchar(60) | YES  |     | NULL    |       |
| managerId | int(10)     | YES  |     | NULL    |       |
| column1   | varchar(12) | NO   |     | NULL    |       |
+-----------+-------------+------+-----+---------+-------+
```

3. 在表的第一列添加一个字段

【例 3.22】在数据表 tb_dept1 中添加一个 INT 类型的字段 column2，SQL 语句如下：

```
ALTER TABLE tb_dept1 ADD column2 INT(11) FIRST;
```

使用 DESC 查看表 tb_dept1，会发现在表第一列添加了一个名为 column2 的 INT(11)类型的字段，结果如下：

```
mysql> DESC tb_dept1;
+------------+-------------+------+-----+---------+-------+
| Field      | Type        | Null | Key | Default | Extra |
+------------+-------------+------+-----+---------+-------+
| column2    | int(11)     | YES  |     | NULL    |       |
| id         | int(11)     | NO   | PRI | NULL    |       |
| name       | varchar(30) | YES  |     | NULL    |       |
| location   | varchar(60) | YES  |     | NULL    |       |
```

```
| managerId  | int(10)      | YES      |       | NULL         |         |         |
| column1    | varchar(12)  | NO       |       | NULL         |         |         |
+------------+--------------+----------+-------+--------------+-------+
```

4. 在表的指定列之后添加一个字段

【例 3.23】在数据表 tb_dept1 的 name 列后添加一个 INT 类型的字段 column3，SQL 语句如下：

```
ALTER TABLE tb_dept1 ADD column3 INT(11) AFTER name;
```

使用 DESC 查看表 tb_dept1，结果如下：

```
mysql> DESC tb_dept1;
+------------+--------------+----------+-------+--------------+-------+
| Field      | Type         | Null     | Key   | Default      | Extra |
+------------+--------------+----------+-------+--------------+-------+
| column2    | int(11)      | YES      |       | NULL         |       |
| id         | int(11)      | NO       | PRI   | NULL         |       |
| name       | varchar(30)  | YES      |       | NULL         |       |
| column3    | int(11)      | YES      |       | NULL         |       |
| location   | varchar(60)  | YES      |       | NULL         |       |
| managerId  | int(10)      | YES      |       | NULL         |       |
| column1    | varchar(12)  | NO       |       | NULL         |       |
+------------+--------------+----------+-------+--------------+-------+
```

可以看到，tb_dept1 表中增加了一个名称为 column3 的字段，其位置在指定的 name 字段后面，表明添加字段成功。

3.5.5 删除字段

删除字段是将数据表中的某个字段从表中移除，语法格式如下：

```
ALTER TABLE <表名> DROP <字段名>;
```

"字段名"指需要从表中删除的字段的名称。

【例 3.24】删除数据表 tb_dept1 中的 column2 字段。

首先，执行删除字段之前，使用 DESC 查看表 tb_dept1 的表结构，结果如下：

```
mysql> DESC tb_dept1;
+------------+--------------+----------+-------+--------------+--------+
| Field      | Type         | Null     | Key   | Default      | Extr   |
+------------+--------------+----------+-------+--------------+--------+
| column2    | int(11)      | YES      |       | NULL         |        |
| id         | int(11)      | NO       | PRI   | NULL         |        |
| name       | varchar(30)  | YES      |       | NULL         |        |
| column3    | int(11)      | YES      |       | NULL         |        |
```

```
| location  | varchar(60)  | YES  |          | NULL  |        |        |
| managerId | int(10)      | YES  |          | NULL  |        |        |
| column1   | varchar(12)  | NO   |          | NULL  |        |        |
+-----------+--------------+------+----------+-------+--------+--------+
```

删除 column2 字段，SQL 语句如下：

```
ALTER TABLE tb_dept1 DROP column2;
```

再次使用 DESC 查看表 tb_dept1 的表结构，结果如下：

```
mysql> DESC tb_dept1;
+-----------+--------------+------+------+---------+-------+
| Field     | Type         | Null | Key  | Default | Extr  |
+-----------+--------------+------+------+---------+-------+
| id        | int(11)      | NO   | PRI  | NULL    |       |
| name      | varchar(30)  | YES  |      | NULL    |       |
| column3   | int(11)      | YES  |      | NULL    |       |
| location  | varchar(60)  | YES  |      | NULL    |       |
| managerId | int(10)      | YES  |      | NULL    |       |
| column1   | varchar(12)  | NO   |      | NULL    |       |
+-----------+--------------+------+------+---------+-------+
```

可以看到，表 tb_dept1 中已经不存在名称为 column2 的字段，删除字段成功。

3.5.6　修改字段的排列位置

对于一个数据表来说，在创建的时候，字段在表中的排列顺序就已经确定了。但表的结构并不是完全不可以改变的，我们可以通过 ALTER TABLE 命令来改变表中字段的相对位置，语法格式如下：

```
ALTER TABLE <表名> MODIFY <字段1> <数据类型> FIRST|AFTER <字段2>;
```

"字段 1"指要修改位置的字段，"数据类型"指"字段 1"的数据类型；FIRST 为可选参数，指将"字段 1"修改为表的第一个字段；"AFTER 字段 2"指将"字段 1"插入"字段 2"后面。

1. 修改字段为表的第一个字段

【例 3.25】将数据表 tb_dept1 中的 column1 字段修改为表的第一个字段，SQL 语句如下：

```
ALTER TABLE tb_dept1 MODIFY column1 VARCHAR(12) FIRST;
```

使用 DESC 查看表 tb_dept1，发现字段 column1 已经被移至表的第一列，结果如下：

```
mysql> DESC tb_dept1;
+-----------+--------------+------+------+---------+-------+
| Field     | Type         | Null | Key  | Default | Extra |
+-----------+--------------+------+------+---------+-------+
```

```
| column1  | varchar(12) | YES |     | NULL |    |    |
| id       | int(11)     | NO  | PRI | NULL |    |    |
| name     | varchar(30) | YES |     | NULL |    |    |
| column3  | int(11)     | YES |     | NULL |    |    |
| location | varchar(60) | YES |     | NULL |    |    |
| managerId| int(10)     | YES |     | NULL |    |    |
+----------+-------------+-----+-----+---------+------+
```

2. 修改字段到表的指定列之后

【例 3.26】将数据表 tb_dept1 中的 column1 字段插入 location 字段后面，SQL 语句如下：

```
ALTER TABLE tb_dept1 MODIFY column1 VARCHAR(12) AFTER location;
```

使用 DESC 查看表 tb_dept1，结果如下：

```
mysql> DESC tb_dept1;
+----------+-------------+------+-----+---------+-------+
| Field    | Type        | Null | Key | Default | Extra |
+----------+-------------+------+-----+---------+-------+
| id       | int(11)     | NO   | PRI | NULL    |       |
| name     | varchar(30) | YES  |     | NULL    |       |
| column3  | int(11)     | YES  |     | NULL    |       |
| location | varchar(60) | YES  |     | NULL    |       |
| column1  | varchar(12) | YES  |     | NULL    |       |
| managerId| int(10)     | YES  |     | NULL    |       |
+----------+-------------+------+-----+---------+-------+
```

可以看到，tb_dept1 表中的字段 column1 已经被移至 location 字段之后。

3.5.7 删除表的外键约束

对于数据库中定义的外键，如果不再需要，可以将其删除。外键一旦删除，就会解除主表和从表之间的关联关系。MySQL 中删除外键的语法格式如下：

```
ALTER TABLE <表名> DROP FOREIGN KEY <外键约束名>
```

"外键约束名"指在定义表时 CONSTRAINT 关键字后面的参数，详细内容可参考 3.3.3 小节的"使用外键约束"。

【例 3.27】删除数据表 tb_emp9 中的外键约束。

首先创建表 tb_emp9，创建外键 deptId 关联 tb_dept1 表的主键 id，SQL 语句如下：

```
CREATE TABLE tb_emp9
(
  id     INT(11) PRIMARY KEY,
  name   VARCHAR(25),
  deptId INT(11),
```

```
  salary   FLOAT,
  CONSTRAINT fk_emp_dept  FOREIGN KEY (deptId) REFERENCES tb_dept1(id)
);
```

使用 SHOW CREATE TABLE 查看表 tb_emp9 的结构，结果如下：

```
mysql> SHOW CREATE TABLE tb_emp9 \G
*** 1. row ***
      Table: tb_emp9
Create Table: CREATE TABLE `tb_emp9` (
  `id` int(11) NOT NULL,
  `name` varchar(25) DEFAULT NULL,
  `deptId` int(11) DEFAULT NULL,
  `salary` float DEFAULT NULL,
  PRIMARY KEY (`id`),
  KEY `fk_emp_dept` (`deptId`),
  CONSTRAINT  `fk_emp_dept`  FOREIGN  KEY  (`deptId`)  REFERENCES  `tb_dept1`
(`id`)
) ENGINE=InnoDB DEFAULT CHARSET=utf8mb4 COLLATE=utf8mb4_0900_ai_ci
1 row in set (0.00 sec)
```

可以看到，已经成功添加了表的外键。下面删除外键约束，SQL 语句如下：

```
ALTER TABLE tb_emp9 DROP FOREIGN KEY fk_emp_dept;
```

执行完毕之后，将删除表 tb_emp9 的外键约束，使用 SHOW CREATE TABLE 再次查看表 tb_emp9 的结构，结果如下：

```
mysql> SHOW CREATE TABLE tb_emp9 \G
*** 1. row ***
      Table: tb_emp9
Create Table: CREATE TABLE `tb_emp9` (
  `id` int(11) NOT NULL,
  `name` varchar(25) DEFAULT NULL,
  `deptId` int(11) DEFAULT NULL,
  `salary` float DEFAULT NULL,
  PRIMARY KEY (`id`),
  KEY `fk_emp_dept` (`deptId`)
) ENGINE=InnoDB DEFAULT CHARSET=utf8mb4 COLLATE=utf8mb4_0900_ai_ci
1 row in set (0.00 sec)
```

可以看到，表 tb_emp9 中已经不存在 FOREIGN KEY，原有的名称为 fk_emp_dept 的外键约束删除成功。

3.6 删除数据表

删除数据表就是将数据库中已经存在的表从数据库中删除。注意，在删除表的同时，表的定义和表中所有的数据均会被删除。因此，在进行删除操作前，最好对表中的数据进行备份，以免造成无法挽回的后果。本节将详细讲解数据库表的删除方法。

3.6.1 删除没有被关联的表

在 MySQL 中，使用 DROP TABLE 可以一次删除一个或多个没有被其他表关联的数据表，语法格式如下：

```
DROP TABLE [IF EXISTS]表1，表2，…，表 n;
```

其中，"表 n"指要删除的表的名称，后面可以同时删除多个表，只需将要删除的表名依次写在后面，相互之间用英文逗号隔开即可。如果要删除的数据表不存在，MySQL 就会提示一条错误信息：ERROR 1051 (42S02): Unknown table '表名'。参数 IF EXISTS 用于在删除前判断删除的表是否存在，加上该参数后，再删除表的时候，如果表不存在，SQL 语句可以顺利执行，但是会发出警告（Warning）。

在前面的例子中，已经创建了名为 tb_dept2 的数据表。如果没有，读者就可以输入语句创建该表，SQL 语句如例 3.8 所示。下面使用删除语句将该表删除。

【例 3.28】删除数据表 tb_dept2，SQL 语句如下：

```
DROP TABLE IF EXISTS tb_dept2;
```

语句执行完毕之后，使用 SHOW TABLES 命令查看当前数据库中所有的表，SQL 语句如下：

```
mysql> SHOW TABLES;
+----------------------+
| Tables_in_test_db    |
+----------------------+
| tb_dept              |
| tb_deptment3         |
……省略部分内容
```

从执行结果可以看到，数据表列表中已经不存在名称为 tb_dept2 的表，删除操作成功。

3.6.2 删除被其他表关联的主表

数据表之间存在外键关联的情况下，如果直接删除父表，结果就会显示失败，原因是直接删除将破坏表的参照完整性。如果必须删除，那么可以先删除与它关联的子表，再删除父表，只是这样同时删除了两个表中的数据。但有的情况下可能要保留子表，这时如要单独删除父表，只需将关联的表的外键约束条件取消，即可删除父表。下面讲解这种方法。

在数据库中创建两个关联表，首先，创建表 tb_dept2，SQL 语句如下：

```
CREATE TABLE tb_dept2
(
  id       INT(11) PRIMARY KEY,
  name     VARCHAR(22),
  location VARCHAR(50)
);
```

接下来，创建表 tb_emp，SQL 语句如下：

```
CREATE TABLE tb_emp
(
  id       INT(11) PRIMARY KEY,
  name     VARCHAR(25),
  deptId   INT(11),
  salary   FLOAT,
  CONSTRAINT fk_emp_dept FOREIGN KEY (deptId) REFERENCES tb_dept2(id)
);
```

使用 SHOW CREATE TABLE 命令查看表 tb_emp 的外键约束，结果如下：

```
mysql> SHOW CREATE TABLE tb_emp\G
*** 1. row ***
      Table: tb_emp
Create Table: CREATE TABLE `tb_emp` (
  `id` int(11) NOT NULL,
  `name` varchar(25) DEFAULT NULL,
  `deptId` int(11) DEFAULT NULL,
  `salary` float DEFAULT NULL,
  PRIMARY KEY (`id`),
  KEY `fk_emp_dept` (`deptId`),
  CONSTRAINT `fk_emp_dept` FOREIGN KEY (`deptId`) REFERENCES `tb_dept2`
(`id`)
) ENGINE=InnoDB DEFAULT CHARSET=utf8mb4 COLLATE=utf8mb4_0900_ai_ci
1 row in set (0.00 sec)
```

可以看到，以上执行结果创建了两个关联表：tb_dept2 和 tb_emp，其中表 tb_emp 为子表，具有名称为 fk_emp_dept 的外键约束，表 tb_dept2 为父表，其主键 id 被子表 tb_emp 所关联。

【例 3.29】删除被数据表 tb_emp 关联的数据表 tb_dept2。

首先，直接删除父表 tb_dept2，输入的删除语句如下：

```
mysql> DROP TABLE tb_dept2;
ERROR 3730 (HY000): Cannot drop table 'tb_dept2' referenced by a foreign
```

```
key constraint 'fk_emp_dept' on table 'tb_emp'.
```

可以看到，如前所述，在存在外键约束时，主表不能被直接删除。

接下来，解除关联子表 **tb_emp** 的外键约束，SQL 语句如下：

```
ALTER TABLE tb_emp DROP FOREIGN KEY fk_emp_dept;
```

语句成功执行后，将取消表 tb_emp 和表 tb_dept2 之间的关联关系，此时，可以输入删除语句，将原来的父表 tb_dept2 删除，SQL 语句如下：

```
DROP TABLE tb_dept2;
```

最后通过 SHOW TABLES 查看数据表列表，语句如下：

```
mysql> show tables;
+---------------------+
| Tables_in_test_db   |
+---------------------+
| tb_dept             |
| tb_deptment3        |
……省略部分内容
```

可以看到，数据表列表中已经不存在名称为 tb_dept2 的表。

3.7 小白疑难解惑

疑问 1：每一个表中都要有一个主键吗？

并不是每一个表中都需要主键，一般情况下，多个表之间进行连接操作时需要用到主键。因此，并不需要为每个表建立主键，而且有些情况最好不使用主键。

疑问 2：带 AUTO_INCREMENT 约束的字段值是从 1 开始的吗？

默认情况下，在 MySQL 中，AUTO_INCREMENT 的初始值是 1，每新增一条记录，字段值自动加 1。设置自增属性（AUTO_INCREMENT）的时候，还可以指定第一条插入记录的自增字段的值，这样新插入的记录的自增字段值从初始值开始递增，比如在 tb_emp8 中插入第一条记录，同时指定 id 值为 5，以后插入的记录的 id 值就会从 6 开始往上增加。添加唯一性主键约束时，往往需要设置字段自动增加属性。

3.8 习题演练

首先创建数据库 company，再按照表 3.3 和表 3.4 给出的表结构，在数据库 company 中创建两个数据表：offices 和 employees，按照操作过程完成对数据表的基本操作。

表 3.3　offices 表结构

字 段 名	数据类型	主 键	外 键	非 空	唯 一	自 增
officeCode	INT(10)	是	否	是	是	否
city	VARCHAR(50)	否	否	是	否	否
address	VARCHAR(50)	否	否	是	否	否
country	VARCHAR(50)	否	否	是	否	否
postalCode	VARCHAR(15)	否	否	是	是	否

表 3.4　employees 表结构

字 段 名	数据类型	主 键	外 键	非 空	唯 一	自 增
employeeNumber	INT(11)	是	否	是	是	是
lastName	VARCHAR(50)	否	否	是	否	否
firstName	VARCHAR(50)	否	否	是	否	否
mobile	VARCHAR(25)	否	是	否	是	否
officeCode	INT(10)	否	是	是	否	否
jobTitle	VARCHAR(50)	否	否	是	否	否
birth	DATETIME	否	否	是	否	否
note	VARCHAR(255)	否	否	否	否	否
sex	VARCHAR(5)	否	否	否	否	否

（1）创建数据库 company，创建数据表 offices 和 employees。

（2）将表 employees 的 mobile 字段修改到 officeCode 字段后面。

（3）将表 employees 的 birth 字段改名为 employee_birth。

（4）修改 sex 字段，数据类型为 CHAR(1)，非空约束。

（5）删除字段 note。

（6）增加字段名 favoriate_activity，数据类型为 VARCHAR(100)。

（7）删除表 offices。

（8）将表 employees 的名称修改为 employees_info。

第 4 章

◀ 数据类型和运算符 ▶

学习目标|Objective

数据库表由多列字段构成，每一个字段指定了不同的数据类型。指定字段的数据类型之后，也就决定了向字段插入的数据内容。例如，当要插入数值的时候，可以将它们存储为整数类型，也可以将它们存储为字符串类型。不同的数据类型也决定了 MySQL 在存储它们的时候使用的方式，以及在使用它们的时候选择什么运算符进行运算。本章将介绍 MySQL 中的数据类型和常见的运算符。

内容导航|Navigation

- 熟悉常见数据类型的概念和区别
- 掌握如何选择数据类型
- 熟悉常见运算符的概念和区别

4.1 MySQL 数据类型介绍

MySQL 支持多种数据类型，主要有数值类型、日期/时间类型和字符串类型。

（1）数值类型：包括整数类型 TINYINT、SMALLINT、MEDIUMINT、INT（INTEGER）、BIGINT，浮点小数数据类型 FLOAT 和 DOUBLE，定点小数类型 DECIMAL。

（2）日期/时间类型：包括 YEAR、TIME、DATE、DATETIME 和 TIMESTAMP。

（3）字符串类型：包括 CHAR、VARCHAR、BINARY、VARBINARY、BLOB、TEXT、ENUM 和 SET 等。字符串类型又分为文本字符串和二进制字符串。

4.1.1 整数类型

数值类型主要用来存储数字，MySQL 提供了多种数值类型，不同的数值类型提供不同的取值范围，可以存储的值范围越大，其所需要的存储空间也会越大。MySQL 主要提供的整数类型有：TINYINT、SMALLINT、MEDIUMINT、INT、BIGINT。整数类型的属性字段可以添加 AUTO_INCREMENT 自增约束条件。表 4.1 列出了 MySQL 中的数值类型。

表 4.1 MySQL 中的整数类型

类型名称	说 明	存储需求
TINYINT	很小的整数	1 字节
SMALLINT	小的整数	2 字节
MEDIUMINT	中等大小的整数	3 字节
INT	普通大小的整数	4 字节
BIGINT	大整数	8 字节

从表中可以看到，不同类型的整数存储所需的字节数是不同的，占用字节数最少的是 TINYINT 类型，占用字节数最多的是 BIGINT 类型，相应的占用字节越多的类型所能表示的数值范围越大。根据占用字节数可以求出每一种数据类型的取值范围，例如 TINYINT 需要 1 字节（8Bits）来存储，那么 TINYINT 无符号数的最大值为 2^8-1，即 255；TINYINT 有符号数的最大值为 2^7-1，即 127。其他类型的整数的取值范围计算方法相同，如表 4.2 所示。

表 4.2 不同整数类型的取值范围

数据类型	有 符 号	无 符 号
TINYINT	-128~127	0~255
SMALLINT	32768~32767	0~65535
MEDIUMINT	-8388608~8388607	0~16777215
INT(INTEGER)	-2147483648~2147483647	0~4294967295
BIGINT	-9223372036854775808~9223372036854775807	0~18446744073709551615

在 3.3 节中，有如下创建表的语句：

```
CREATE TABLE tb_emp1
(
  id      INT(11),
  name    VARCHAR(25),
  deptId  INT(11),
  salary  FLOAT
);
```

id 字段的数据类型为 INT(11)，注意后面的数字 11，表示的是该数据类型指定的显示宽度，指定能够显示的数值中数字的个数。例如，假设声明一个 INT 类型的字段：

```
year INT(4)
```

该声明指明，在 year 字段中的数据一般只显示 4 位数字的宽度。

在这里读者要注意：显示宽度和数据类型的取值范围是无关的。显示宽度只是指明

MySQL 最大可能显示的数字个数，数值的位数小于指定的宽度时会由空格填充，如果插入了大于显示宽度的值，只要该值不超过该类型整数的取值范围，数值依然可以插入，而且能够显示出来。例如，向 year 字段插入一个数值 19999，当使用 SELECT 查询该列值的时候，MySQL 显示的将是完整的带有 5 位数字的 19999，而不是 4 位数字的值。

其他整数类型也可以在定义表结构时指定所需要的显示宽度，如果不指定，则系统为每一种类型指定默认的宽度值，如例 4.1 所示。

【例 4.1】创建表 tmp1，其中字段 x、y、z、m、n 的数据类型依次为 TINYINT、SMALLINT、MEDIUMINT、INT、BIGINT，SQL 语句如下：

```
CREATE  TABLE  tmp1 ( x TINYINT,  y SMALLINT,  z MEDIUMINT,  m INT,  n
BIGINT );
```

执行成功之后，便用 DESC 查看表结构，结果如下：

```
mysql> DESC tmp1;
+-------+--------------+------+-----+---------+-------+
| Field | Type         | Null | Key | Default | Extra |
+-------+--------------+------+-----+---------+-------+
| x     | tinyint(4)   | YES  |     | NULL    |       |
| y     | smallint(6)  | YES  |     | NULL    |       |
| z     | mediumint(9) | YES  |     | NULL    |       |
| m     | int(11)      | YES  |     | NULL    |       |
| n     | bigint(20)   | YES  |     | NULL    |       |
+-------+--------------+------+-----+---------+-------+
```

可以看到，系统将添加不同的默认显示宽度。这些显示宽度能够保证显示每一种数据类型可以取到取值范围内的所有值。例如，TINYINT 有符号数和无符号数的取值范围分别为-128~127 和 0~255，由于负号占了一个数字位，因此 TINYINT 默认的显示宽度为 4。同理，其他整数类型的默认显示宽度与其有符号数的最小值的宽度相同。

不同的整数类型有不同的取值范围，并且需要不同的存储空间，因此应该根据实际需要选择合适的类型，这样有利于提高查询的效率和节省存储空间。整数类型是不带小数部分的数值，现实生活中有很多地方需要用到带小数的数值。下面将介绍 MySQL 中支持的小数类型。

提　示
显示宽度只用于显示，并不能限制取值范围和占用空间，如 INT(3)会占用 4 字节的存储空间，并且允许的最大值不会是 999，而是 INT 整型所允许的最大值。

4.1.2　浮点数类型和定点数类型

MySQL 中使用浮点数和定点数来表示小数。浮点类型有两种：单精度浮点类型（FLOAT）和双精度浮点类型（DOUBLE）。定点类型只有一种：DECIMAL。浮点类型和定点类型都可以用（M,N）来表示，其中 M 称为精度，表示总共的位数；N 称为标度，表示小数的位数。表 4.3 列出了 MySQL 中的小数类型和存储需求。

表 4.3　MySQL 中的小数类型

类型名称	说　明	存储需求
FLOAT	单精度浮点数	4 字节
DOUBLE	双精度浮点数	8 字节
DECIMAL（M,D），DEC	压缩的"严格"定点数	M+2 字节

DECIMAL 类型不同于 FLOAT 和 DOUBLE，DECIMAL 实际是以串存放的，DECIMAL 可能的最大取值范围与 DOUBLE 一样，但是其有效的取值范围由 M 和 D 的值决定。如果改变 M 而固定 D，其取值范围就会随 M 的变大而变大。从表 4.3 可以看到，DECIMAL 的存储空间并不是固定的，而由其精度值 M 决定，占用 M+2 字节。

FLOAT 类型的取值范围如下：

- 有符号数的取值范围：$-3.402823466E+38 \sim -1.175494351E-38$。
- 无符号数的取值范围：0 和 $1.175494351E-38 \sim 3.402823466E+38$。

DOUBLE 类型的取值范围如下：

- 有符号数的取值范围：$-1.7976931348623157E+308 \sim -2.2250738585072014E-308$。
- 无符号数的取值范围：0 和 $2.2250738585072014E-308 \sim 1.7976931348623157E+308$。

> 提　示
>
> 不论是定点类型还是浮点类型，如果用户指定的精度超出精度范围，就会四舍五入进行处理。

【例 4.2】创建表 tmp2，其中字段 x、y、z 的数据类型依次为 FLOAT(5,1)、DOUBLE(5,1)和 DECIMAL(5,1)，向表中插入数据 5.12、5.15 和 5.123。

创建 tmp2 的 SQL 语句如下：

```
CREATE TABLE tmp2 ( x FLOAT(5,1),  y DOUBLE(5,1),  z DECIMAL(5,1) );
```

向表中插入数据：

```
mysql>INSERT INTO tmp2 VALUES(5.12, 5.15, 5.123);
Query OK, 1 row affected, 1 warning (0.00 sec)
```

可以看到在插入数据时，MySQL 给出了一个警告信息，使用 SHOW WARNINGS;语句查看警告信息：

```
mysql> SHOW WARNINGS;
+-------+------+------------------------------------------+
| Level | Code | Message                                  |
+-------+------+------------------------------------------+
```

```
| Note  | 1265 | Data truncated for column 'z' at row 1 |
+-------+------+----------------------------------------+
```

可以看到 FLOAT 和 DOUBLE 在进行四舍五入时没有给出警告，而给出 z 字段数值被截断的警告。查看结果：

```
mysql> SELECT * FROM tmp2;
+------+------+------+
| x    | y    | z    |
+------+------+------+
| 5.1  | 5.2  | 5.1  |
+------+------+------+
```

FLOAT 和 DOUBLE 在不指定精度时，默认会按照实际的精度（由计算机硬件和操作系统决定），DECIMAL 如不指定精度默认为(10,0)。

浮点数相对于定点数的优点是在长度一定的情况下，浮点数能够表示更大的数据范围；缺点是会引起精度问题。

> **提　示**
>
> 在 MySQL 中，定点数以字符串形式存储，在对精度要求比较高的时候（如货币、科学数据等），使用 DECIMAL 的类型比较好。另外，两个浮点数进行减法和比较运算时容易出问题，所以在使用浮点型时需要注意，并尽量避免对浮点数进行比较。

4.1.3　日期与时间类型

MySQL 中有多种表示日期的数据类型，主要有 DATETIME、DATE、TIMESTAMP、TIME 和 YEAR。例如，当只记录年信息的时候，可以只使用 YEAR 类型，而没有必要使用 DATE。每一个类型都有合法的取值范围，当指定确实不合法的值时，系统将"零"值插入数据库中。本节将介绍 MySQL 日期和时间类型的使用方法。表 4.4 列出了 MySQL 中的日期与时间类型。

表 4.4　日期与时间类型

类型名称	日期格式	日期范围	存储需求
YEAR	YYYY	1901～2155	1 字节
TIME	HH:MM:SS	-838:59:59 ～838:59:59	3 字节
DATE	YYYY-MM-DD	1000-01-01～9999-12-31	3 字节
DATETIME	YYYY-MM-DD HH:MM:SS	1000-01-01 00:00:00～9999-12-31 23:59:59	8 字节
TIMESTAMP	YYYY-MM-DD HH:MM:SS	1970-01-01　00:00:01　UTC　～　2038-01-19 03:14:07 UTC	4 字节

1. YEAR

YEAR 类型是一个单字节类型，用于表示年，在存储时只需要 1 字节。可以使用各种格式指定 YEAR 值，如下所示：

（1）以 4 位字符串或者 4 位数字格式表示的 YEAR，范围为'1901'～'2155'。输入格式为'YYYY'或者 YYYY。例如，输入'2010'或 2010，插入数据库的值均为 2010。

（2）以 2 位字符串格式表示的 YEAR，范围为'00'到'99'。'00'～'69'和'70'～'99'范围的值分别被转换为 2000～2069 和 1970～1999 范围的 YEAR 值。'0'与'00'的作用相同。插入超过取值范围的值将被转换为 2000。

（3）以 2 位数字表示的 YEAR，范围为 1～99。1～69 和 70～99 范围的值分别被转换为 2001～2069 和 1970～1999 范围的 YEAR 值。注意：在这里 0 值将被转换为 0000，而不是 2000。

提　示

两位整数范围与两位字符串范围稍有不同，例如，插入 2000 年，读者可能会使用数字格式的 0 表示 YEAR，实际上，插入数据库的值为 0000，而不是所希望的 2000。只有使用字符串格式的'0'或'00'，才可以被正确地解释为 2000。非法 YEAR 值将被转换为 0000。

【例 4.3】创建数据表 tmp3，定义数据类型为 YEAR 的字段 y，向表中插入值 2010、'2010'，'2166'，SQL 语句如下：

首先创建表 tmp3：

```
CREATE TABLE tmp3(y YEAR );
```

向表中插入数据：

```
mysql> INSERT INTO tmp3 values(2010),('2010');
```

再次向表中插入数据：

```
mysql> INSERT INTO tmp3 values ('2166');
ERROR 1264 (22003): Out of range value for column 'y' at row 1
```

语句执行之后，MySQL 给出了一条错误提示，使用 SHOW 查看错误信息：

```
mysql> SHOW WARNINGS;
+---------+------+-------------------------------------------------+
| Level   | Code | Message                                         |
+---------+------+-------------------------------------------------+
| Error   | 1264 | Out of range value for column 'y' at row 1;     |
+---------+------+-------------------------------------------------+
```

可以看到，插入的第 3 个值 2166 超过了 YEAR 类型的取值范围，此时不能正常地执行插入操作，查看结果：

```
mysql> SELECT * FROM tmp3;
+------+
| y    |
```

```
+------+
| 2010 |
| 2010 |
+------+
```

由结果可以看到，当插入值为数值类型的 2010 或者字符串类型的'2010'时，都正确地储存到了数据库中；而当插入值'2166'时，由于超出了 YEAR 类型的取值范围，因此不能插入值。

【例 4.4】向表 tmp3 的 y 字段中插入 2 位字符串表示的 YEAR 值，分别为'0'、'00'、'77'和'10'，SQL 语句如下：

首先删除表中的数据：

```
DELETE FROM tmp3;
```

向表中插入数据：

```
INSERT INTO tmp3 values('0'),('00'),('77'),('10');
```

查看结果：

```
mysql> SELECT * FROM tmp3;
+------+
| y    |
+------+
| 2000 |
| 2000 |
| 1977 |
| 2010 |
+------+
```

由结果可以看到，字符串'0'和'00'的作用相同，分别都转换成了 2000 年；'77'转换为 1977；'10'转换为 2010。

【例 4.5】向表 tmp3 的 y 字段中插入 2 位数字表示的 YEAR 值，分别为 0、78 和 11，SQL 语句如下：

首先删除表中的数据：

```
DELETE FROM tmp3;
```

向表中插入数据：

```
INSERT INTO tmp3 values(0),(78),(11);
```

查看结果：

```
mysql> SELECT * FROM tmp3;
+------+
```

```
| y    |
+------+
| 0000 |
| 1978 |
| 2011 |
+------+
```

由结果可以看到，0 被转换为 0000，78 被转换为 1978，11 被转换为 2011。

2. TIME

TIME 类型用于只需要时间信息的值，在存储时需要 3 字节。TIME 类型的格式为
'HH:MM:SS'，HH 表示小时，MM 表示分钟，SS 表示秒。TIME 类型的取值范围为-
838:59:59～838:59:59，小时部分会如此大的原因是 TIME 类型不仅可以用于表示一天的时间
（必须小于 24 小时），还可能是某个事件过去的时间或两个事件之间的时间间隔（可以大于
24 小时，或者甚至为负）。可以使用各种格式指定 TIME 值，如下所示：

（1）'D HH:MM:SS'格式的字符串。还可以使用下面任何一种"非严格"的语法：
'HH:MM:SS'、'HH:MM'、'D HH:MM'、'D HH'或'SS'。这里的 D 表示日，可以取值为 0~34。
在插入数据库时，D 被转换为小时保存，格式为 "D*24 + HH"。

（2）'HHMMSS'格式的、没有间隔符的字符串或者 HHMMSS 格式的数值，假定是有意
义的时间。例如，'101112'被理解为'10:11:12'，但'109712'是不合法的（它有一个没有意义的
分钟部分），存储时将变为 00:00:00。

> **提 示**
>
> 为 TIME 列分配简写值时应注意：如果没有冒号，MySQL 解释值时，假定最右边的
> 两位表示秒（MySQL 解释 TIME 值为过去的时间而不是当天的时间）。例如，读者可能
> 认为'1112'和 1112 表示 11:12:00（11 点过 12 分），但 MySQL 将它们解释为 00:11:12
> （11 分 12 秒）。同样，'12'和 12 被解释为 00:00:12。相反，如果 TIME 值中使用冒号，
> 那么肯定被看作当天的时间。也就是说，'11:12'表示 11:12:00，而不是 00:11:12。

【例 4.6】创建数据表 tmp4，定义数据类型为 TIME 的字段 t，向表中插入值'10:05:05'、
'23:23'、'2 10:10'、'3 02'、'10'、SQL 语句如下：

首先创建表 tmp4：

```
CREATE TABLE tmp4( t TIME );
```

向表中插入数据：

```
mysql> INSERT INTO tmp4 values('10:05:05 '), ('23:23'), ('2 10:10'), ('3
02'),('10');
```

查看结果：

```
mysql> SELECT * FROM tmp4;
```

```
+----------+
| t        |
+----------+
| 10:05:05 |
| 23:23:00 |
| 58:10:00 |
| 74:00:00 |
| 00:00:10 |
+----------+
```

由结果可以看到，'10:05:05'被转换为 10:05:05；'23:23'被转换为 23:23:00；'2 10:10'被转换为 58:10:00，'3 02'被转换为 74:00:00；'10'被转换成 00:00:10。

提　示
在使用'D HH'格式时，小时一定要使用双位数值，如果是小于 10 的小时数，应在前面加 0。

【例 4.7】向表 tmp4 中插入值'101112'、111213、'0'、107010，SQL 语句如下：

首先删除表中的数据：

```
DELETE FROM tmp4;
```

向表中插入数据：

```
mysql>INSERT INTO tmp4 values('101112'),(111213),( '0');
```

再向表中插入数据：

```
mysql>INSERT INTO tmp4 values ( 107010);
ERROR 1292 (22007): Incorrect time value: '107010' for column 't' at row 1
```

可以看到，在插入数据时，MySQL 给出了一个错误提示信息，使用 SHOW WARNINGS 查看错误信息，语句如下：

```
mysql> show warnings;
+---------+------+--------------------------------------------------------+
| Level   | Code | Message                                                |
+---------+------+--------------------------------------------------------+
| Error   | 1292 |Incorrect time value: '107010' for column 't' at row 1|
+---------+------+--------------------------------------------------------+
```

可以看到，第二次在插入记录的时候，数据超出了范围，原因是 107010 的分钟部分超过了 60，分钟部分是不会超过 60 的，查看结果：

```
mysql> SELECT * FROM tmp4;
+----------+
| t        |
+----------+
```

```
| 10:11:12 |
| 11:12:13 |
| 00:00:00 |
+----------+
```

由结果可以看到，'101112'被转换为 10:11:12；111213 被转换为 11:12:13；'0'被转换为 00:00:00；由于 107010 是不合法的值，因此不能被插入。

也可以使用系统日期函数向 TIME 字段列插入值。

【例 4.8】向表 tmp4 中插入系统当前时间，SQL 语句如下：

首先删除表中的数据：

```
DELETE FROM tmp4;
```

向表中插入数据：

```
mysql> INSERT INTO tmp4 values (CURRENT_TIME) ,(NOW());
```

查看结果：

```
mysql> SELECT * FROM tmp4;
+----------+
| t        |
+----------+
| 08:43:51 |
| 08:43:51 |
+----------+
```

由结果可以看到，获取系统当前的日期时间插入 TIME 类型的列 t。由于读者输入语句的时间不确定，因此获取的值与这个例子可能是不同的，但都是系统当前的日期时间值。

3. DATE 类型

DATE 类型用在仅需要日期值时，没有时间部分，在存储时需要 3 字节。DATE 类型的日期格式为'YYYY-MM-DD'，其中 YYYY 表示年，MM 表示月，DD 表示日。在给 DATE 类型的字段赋值时，可以使用字符串类型或者数字类型的数据插入，只要符合 DATE 的日期格式即可。

（1）以'YYYY-MM-DD'或者'YYYYMMDD'字符串格式表示的日期，取值范围为'1000-01-01'～'9999-12-3'。例如，输入'2012-12-31'或者'20121231'，插入数据库的日期都为 2012-12-31。

（2）以'YY-MM-DD'或者'YYMMDD'字符串格式表示的日期，在这里 YY 表示两位年值，包含两位年值的日期会令人模糊，因为不知道世纪。MySQL 使用以下规则解释两位年值：'00～69'范围的年值转换为'2000～2069'；'70～99'范围的年值转换为'1970～1999'。例如，输入'12-12-31'，插入数据库的日期为 2012-12-31；输入'981231'，插入数据的日期为 1998-12-31。

（3）以 YY-MM-DD 或者 YYMMDD 数字格式表示的日期，与前面相似，00～69 范围的年值转换为 2000～2069，70～99 范围的年值转换为 1970～1999。例如，输入 12-12-31，插入数据库的日期为 2012-12-31；输入 981231，插入数据库的日期为 1998-12-31。

（4）使用 CURRENT_DATE 或者 NOW()插入当前系统日期。

【例 4.9】创建数据表 tmp5，定义数据类型为 DATE 的字段 d，向表中插入 "YYYY-MM-DD" 和 "YYYYMMDD" 字符串格式日期，SQL 语句如下：

首先创建表 tmp5：

```
MySQL> CREATE TABLE tmp5(d DATE);
Query OK, 0 rows affected (0.02 sec)
```

向表中插入 "YYYY-MM-DD" 和 "YYYYMMDD" 格式日期：

```
MySQL> INSERT INTO tmp5 values('1998-08-08'),('19980808'),('20101010');
```

查看插入结果：

```
MySQL> SELECT * FROM tmp5;
+------------+
| d          |
+------------+
| 1998-08-08 |
| 1998-08-08 |
| 2010-10-10 |
+------------+
```

可以看到，各个不同类型的日期值都正确地插入了数据表中。

【例 4.10】向表 tmp5 中插入 "YY-MM-DD" 和 "YYMMDD" 字符串格式日期，SQL 语句如下：

首先删除表中的数据：

```
DELETE FROM tmp5;
```

向表中插入 "YY-MM-DD" 和 "YYMMDD" 格式日期：

```
mysql> INSERT INTO tmp5 values ('99-09-09'),( '990909'),
('000101') ,('111111');
```

查看插入结果：

```
mysql> SELECT * FROM tmp5;
+-------------+
| d           |
+-------------+
| 1999-09-09  |
| 1999-09-09  |
| 2000-01-01  |
```

```
| 2011-11-11 |
+------------+
```

【例 4.11】向表 tmp5 中插入 YYYYMMDD 和 YYMMDD 数字格式日期，SQL 语句如下：

首先删除表中的数据：

```
DELETE FROM tmp5;
```

向表中插入 YYYYMMDD 和 YYMMDD 数字格式日期：

```
mysql> INSERT INTO tmp5 values (19990909),(990909), ( 000101) ,( 111111);
```

查看插入结果：

```
mysql> SELECT * FROM tmp5;
+------------+
| d          |
+------------+
| 1999-09-09 |
| 1999-09-09 |
| 2000-01-01 |
| 2011-11-11 |
+------------+
```

【例 4.12】向表 tmp5 中插入系统当前日期，SQL 语句如下：

首先删除表中的数据：

```
DELETE FROM tmp5;
```

向表中插入系统当前日期：

```
mysql> INSERT INTO tmp5 values( CURRENT_DATE() ),( NOW() );
```

查看插入结果：

```
mysql> SELECT * FROM tmp5;
+------------+
| d          |
+------------+
| 2018-11-09 |
| 2018-11-09 |
+------------+
```

CURRENT_DATE 只返回当前日期值，不包括时间部分；NOW()函数返回日期和时间值，在保存到数据库时，只保留了其日期部分。

提　示
MySQL 允许"不严格"语法：任何标点符号都可以用作日期部分之间的间隔符。例如，'98-11-31'、'98.11.31'、'98/11/31'和'98@11@31'是等价的，这些值也可以正确地插入数据库。

4. DATETIME

DATETIME 类型用于需要同时包含日期和时间信息的值，在存储时需要 8 字节。日期格式为'YYYY-MM-DD HH:MM:SS'，其中 YYYY 表示年，MM 表示月，DD 表示日，HH 表示小时，MM 表示分钟，SS 表示秒。在给 DATETIME 类型的字段赋值时，可以使用字符串类型或者数字类型的数据插入，只要符合 DATETIME 的日期格式即可。

（1）以'YYYY-MM-DD HH:MM:SS'或者'YYYYMMDDHHMMSS'字符串格式表示的值，取值范围为'1000-01-01 00:00:00'～'9999-12-3 23:59:59'。例如输入'2012-12-31 05: 05: 05'或者'20121231050505'，插入数据库的 DATETIME 值都为 2012-12-31 05: 05: 05。

（2）以'YY-MM-DD HH:MM:SS'或者'YYMMDDHHMMSS'字符串格式表示的日期，在这里 YY 表示两位的年值。与前面相同，'00～69'范围的年值转换为'2000～2069'，'70～99'范围的年值转换为'1970～1999'。例如，输入'12-12-31 05: 05: 05'，插入数据库的 DATETIME 为 2012-12-31 05: 05: 05；输入' 980505050505'，插入数据库的 DATETIME 为 1998-05-05 05: 05: 05。

（3）以 YYYYMMDDHHMMSS 或者 YYMMDDHHMMSS 数字格式表示的日期和时间，例如输入 20121231050505，插入数据库的 DATETIME 为 2012-12-31 05:05:05；输入 981231050505，插入数据的 DATETIME 为 1998-12-31 05: 05: 05。

【例 4.13】创建数据表 tmp6，定义数据类型为 DATETIME 的字段 dt，向表中插入"YYYY-MM-DD HH:MM:SS"和"YYYYMMDDHHMMSS"字符串格式日期和时间值，SQL 语句如下：

首先创建表 tmp6：

```
CREATE TABLE tmp6( dt DATETIME );
```

向表中插入"YYYY-MM-DD HH:MM:SS"和"YYYYMMDDHHMMSS"格式日期：

```
mysql> INSERT INTO tmp6 values('1998-08-08 08:08:08'),('199808080808080808'),
('201010101010101010');
```

查看插入结果：

```
mysql> SELECT * FROM tmp6;
+---------------------+
| dt                  |
+---------------------+
| 1998-08-08 08:08:08 |
| 1998-08-08 08:08:08 |
| 2010-10-10 10:10:10 |
+---------------------+
```

可以看到，各个不同类型的日期值都正确地插入数据表中。

【例 4.14】向 tmp6 表中插入 "YY-MM-DD HH:MM:SS" 和 "YYMMDDHHMMSS" 字符串格式日期和时间值，SQL 语句如下：

首先删除表中的数据：

```
DELETE FROM tmp6;
```

向表中插入 "YY-MM-DD HH:MM:SS" 和 "YYMMDDHHMMSS" 格式日期：

```
mysql> INSERT INTO tmp6 values('99-09-09 09:09:09'),('990909090909'),
('101010101010');
```

查看插入结果：

```
mysql> SELECT * FROM tmp6;
+-----------------------+
| dt                    |
+-----------------------+
| 1999-09-09 09:09:09   |
| 1999-09-09 09:09:09   |
| 2010-10-10 10:10:10   |
+-----------------------+
```

【例 4.15】向表 tmp6 中插入 YYYYMMDDHHMMSS 和 YYMMDDHHMMSS 数字格式日期和时间值，SQL 语句如下：

首先删除表中的数据：

```
DELETE FROM tmp6;
```

向表中插入 YYYYMMDDHHMMSS 和 YYMMDDHHMMSS 数字格式日期和时间：

```
mysql> INSERT INTO tmp6 values(19990909090909), (101010101010);
```

查看插入结果：

```
mysql> SELECT * FROM tmp6;
+-----------------------+
| dt                    |
+-----------------------+
| 1999-09-09 09:09:09   |
| 2010-10-10 10:10:10   |
+-----------------------+
```

【例 4.16】向表 tmp6 中插入系统当前日期和时间值，SQL 语句如下：

首先删除表中的数据：

```
DELETE FROM tmp6;
```

向表中插入系统当前日期：

```
mysql> INSERT INTO tmp6 values( NOW() );
```

查看插入结果：

```
mysql> SELECT * FROM tmp6;
+------------------------+
| dt                     |
+------------------------+
| 2018-11-09 17:07:30    |
+------------------------+
```

NOW()函数返回当前系统的日期和时间值，格式为"YYYY-MM-DD HH:MM:SS"。

> **提　示**
>
> 　　MySQL 允许"不严格"语法：任何标点符号都可以用作日期部分或时间部分之间的间隔符。例如，'98-12-31 11:30:45'、'98.12.31 11+30+45'、'98/12/31 11*30*45' 和 '98@12@31 11^30^45'是等价的，这些值都可以正确地插入数据库。

5. TIMESTAMP

TIMESTAMP 的显示格式与 DATETIME 相同，显示宽度固定在 19 个字符，日期格式为 YYYY-MM-DD HH:MM:SS，在存储时需要 4 字节。但是 TIMESTAMP 列的取值范围小于 DATETIME 的取值范围，为'1970-01-01 00:00:01'UTC～'2038-01-19 03:14:07'UTC，其中，UTC（Coordinated Universal Time）为世界标准时间，因此在插入数据时要保证在合法的取值范围内。

【例 4.17】创建数据表 tmp7，定义数据类型为 TIMESTAMP 的字段 ts，向表中插入值 '19950101010101'、'950505050505'、'1996-02-02 02:02:02'、'97@03@03 03@03@03'、121212121212、NOW()，SQL 语句如下：

```
CREATE TABLE tmp7( ts TIMESTAMP);
```

向表中插入数据：

```
INSERT INTO tmp7 values ('19950101010101'),
('950505050505'),
('1996-02-02 02:02:02'),
('97@03@03 03@03@03'),
(121212121212),
( NOW() );
```

查看插入结果：

```
mysql>SELECT * FROM tmp7;
+---------------------+
| ts                  |
+---------------------+
```

```
| 1995-01-01 01:01:01 |
| 1995-05-05 05:05:05 |
| 1996-02-02 02:02:02 |
| 1997-03-03 03:03:03 |
| 2012-12-12 12:12:12 |
| 2018-11-09 17:08:25 |
+---------------------+
```

由结果可以看到，'19950101010101'被转换为 1995-01-01 01:01:01；'950505050505'被转换为 1995-05-05 05:05:05，'1996-02-02 02:02:02'被转换为 1996-02-02 02:02:02，'97@03@03 03@03@03'被转换为 1997-03-03 03:03:03，121212121212 被转换为 2012-12-12 12:12:12，NOW()被转换为系统当前日期时间 2018-11-09 17:08:25。

提　示
TIMESTAMP 与 DATETIME 除了存储字节和支持的范围不同外，还有一个最大的区别是：DATETIME 在存储日期数据时，按实际输入的格式存储，即输入什么就存储什么，与时区无关；而 TIMESTAMP 值的存储是以 UTC（世界标准时间）格式保存的，存储时对当前时区进行转换，检索时再转换回当前时区，即查询时，根据当前时区的不同，显示的时间值是不同的。

【例 4.18】向表 tmp7 中插入当前日期，查看插入值，更改时区为东 10 区，再次查看插入值，SQL 语句如下：

首先删除表中的数据：

```
DELETE FROM tmp7;
```

向表中插入系统当前日期：

```
mysql> INSERT INTO tmp7 values( NOW() );
```

查看当前时区下的日期值：

```
mysql> SELECT * FROM tmp7;
+---------------------+
| ts                  |
+---------------------+
| 2018-11-09 17:12:20 |
+---------------------+
```

查询结果为插入时的日期值，读者所在时区一般为东 8 区。下面修改当前时区为东 10 区，SQL 语句如下：

```
mysql> set time_zone='+10:00';
```

再次查看插入时的日期值：

```
mysql> SELECT * FROM tmp7;
+-----------------------+
| ts                    |
+-----------------------+
| 2018-11-09 19:12:20   |
+-----------------------+
```

由结果可以看到，因为东 10 区时间比东 8 区快两个小时，因此查询的结果经过时区转换之后，显示的值增加了两个小时。相同地，时区每减小一个值，查询显示的日期中的小时数减 1。

提 示

如果为一个 DATETIME 或 TIMESTAMP 对象分配一个 DATE 值，那么结果值的时间部分被设置为'00:00:00'，因为 DATE 值未包含时间信息。如果为一个 DATE 对象分配一个 DATETIME 或 TIMESTAMP 值，那么结果值的时间部分被删除，因为 DATE 值未包含时间信息。

4.1.4 文本字符串类型

字符串类型用来存储字符串数据，除了可以存储字符串数据之外，还可以存储其他数据，比如图片和声音的二进制数据。MySQL 支持两类字符型数据：文本字符串和二进制字符串。本小节主要讲解文本字符串类型，文本字符串可以区分或者不区分大小写的串比较，另外，还可以进行模式匹配查找。MySQL 中的文本字符串类型指 CHAR、VARCHAR、TEXT、ENUM 和 SET。表 4.5 列出了 MySQL 中的文本字符串数据类型。

表 4.5　MySQL 中的文本字符串数据类型

类型名称	说　明	存储需求
CHAR(M)	固定长度非二进制字符串	M 字节，1≤M≤255
VARCHAR(M)	变长非二进制字符串	L+1 字节，在此 L≤M 和 1≤M≤255
TINYTEXT	非常小的非二进制字符串	L+1 字节，在此 $L<2^8$
TEXT	小的非二进制字符串	L+2 字节，在此 $L<2^{16}$
MEDIUMTEXT	中等大小的非二进制字符串	L+3 字节，在此 $L<2^{24}$
LONGTEXT	大的非二进制字符串	L+4 字节，在此 $L<2^{32}$
ENUM	枚举类型，只能有一个枚举字符串值	1 或 2 字节，取决于枚举值的数目（最大值为 65535）
SET	一个设置，字符串对象可以有零个或多个 SET 成员	1、2、3、4 或 8 字节，取决于集合成员的数量（最多 64 个成员）

VARCHAR 和 TEXT 类型与 4.15 小节将讲到的 BLOB 一样是变长类型，其存储需求取决于列值的实际长度（在前面的表格中用 L 表示），而不是取决于类型的最大可能尺寸。例如，一个 VARCHAR(10)列能保存一个最大长度为 10 个字符的字符串，实际的存储需要字符串的

长度 L，加上 1 字节以记录字符串的长度。对于字符"abcd"，L 是 4，而存储要求是 5 字节。下面将介绍这些数据类型的作用以及如何在查询中使用这些类型。

1. CHAR 和 VARCHAR 类型

CHAR(M) 为固定长度字符串，在定义时指定字符串列长。当保存时在右侧填充空格以达到指定的长度。M 表示列长度，M 的范围是 0~255 个字符。例如，CHAR(4)定义了一个固定长度的字符串列，其包含的字符个数最大为 4。当检索到 CHAR 值时，尾部的空格将被删除。

VARCHAR(M) 是长度可变的字符串，M 表示最大列长度，M 的范围是 0~65 535。VARCHAR 的最大实际长度由最长的行的大小和使用的字符集确定，而其实际占用的空间为字符串的实际长度加 1。例如，VARCHAR(50)定义了一个最大长度为 50 的字符串，如果插入的字符串只有 10 个字符，那么实际存储的字符串为 10 个字符和一个字符串结束字符。VARCHAR 在值保存和检索时尾部的空格仍保留。

【例 4.19】将不同字符串保存到 CHAR(4)和 VARCHAR(4)列，说明 CHAR 和 VARCHAR 之间的差别，如表 4.6 所示。

表 4.6　CHAR(4)与 VARCHAR(4)存储的区别

插 入 值	CHAR(4)	存储需求	VARCHAR(4)	存储需求
' '	' '	4 字节	' '	1 字节
'ab'	'ab '	4 字节	'ab'	3 字节
'abc'	'abc'	4 字节	'abc'	4 字节
'abcd'	'abcd'	4 字节	'abcd'	5 字节
'abcdef'	'abcd'	4 字节	'abcd'	5 字节

对比结果可以看到，CHAR(4) 定义了固定长度为 4 的列，无论存入的数据长度为多少，所占用的空间均为 4 字节。VARCHAR(4) 定义的列所占的字节数为实际长度加 1。

当查询时，CHAR(4)和 VARCHAR(4) 的值并不一定相同，如例 4.20 所示。

【例 4.20】创建表 tmp8，定义字段 ch 和 vch 数据类型依次为 CHAR(4)、VARCHAR(4)，向表中插入数据"ab "，SQL 语句如下：

创建表 tmp8：

```
CREATE TABLE tmp8(
    ch CHAR(4), vch VARCHAR(4)
);
```

插入数据：

```
INSERT INTO tmp8 VALUES('ab ', 'ab ');
```

查询结果：

```
mysql> SELECT concat('(', ch, ')'), concat('(',vch,')') FROM tmp8;
+----------------------+----------------------+
| concat('(', ch, ')') | concat('(',vch,')') |
+----------------------+----------------------+
| (ab)                 | (ab  )               |
+----------------------+----------------------+
1 row in set (0.00 sec)
```

从查询结果可以看到，ch 在保存"ab　"时将末尾的两个空格删除了，而 vch 字段保留了末尾的两个空格。

> **提 示**
>
> 在表 4.7 中，最后一行的值只有在使用"不严格"模式时，字符串才会被截断插入；如果 MySQL 运行在"严格"模式，超过列长度的值就不会被保存，并且会出现错误信息：ERROR 1406(22001): Data too long for column，即字符串长度超过指定长度，无法插入。

2. TEXT 类型

TEXT 列保存非二进制字符串，如文章内容、评论等。当保存或查询 TEXT 列的值时，不删除尾部空格。TEXT 类型分为 4 种：TINYTEXT、TEXT、MEDIUMTEXT 和 LONGTEXT。不同的 TEXT 类型的存储空间和数据长度不同。

（1）TINYTEXT：最大长度为 255（2^8–1）字符的 TEXT 列。

（2）TEXT：最大长度为 65 535（2^{16}–1）字符的 TEXT 列。

（3）MEDIUMTEXT：最大长度为 16 777 215（2^{24}–1）字符的 TEXT 列。

（4）LONGTEXT：最大长度为 4 294 967 295 或 4GB（2^{32}–1）字符的 TEXT 列。

3. ENUM 类型

ENUM 是一个字符串对象，其值为表创建时在列规定中枚举的一列值。语法格式如下：

```
字段名 ENUM('值1','值2',...,'值n')
```

字段名指将要定义的字段，值 n 指枚举列表中的第 n 个值。ENUM 类型的字段在取值时，只能在指定的枚举列表中取，而且一次只能取一个。如果创建的成员中有空格，其尾部的空格就会自动被删除。ENUM 值在内部用整数表示，每个枚举值均有一个索引值：列表值所允许的成员值从 1 开始编号，MySQL 存储的就是这个索引编号。枚举最多可以有 65 535 个元素。

例如，定义 ENUM 类型的列('first','second','third')，该列可以取的值和每个值的索引如表 4.7 所示。

表 4.7　ENUM 类型的取值范围

值	索　引
NULL	NULL
''	0
first	1
second	2
third	3

ENUM 值依照列索引顺序排列，并且空字符串排在非空字符串前，NULL 值排在其他所有的枚举值前。

在这里，有一个方法可以查看列成员的索引值，如例 4.21 所示。

【例 4.21】创建表 tmp9，定义 ENUM 类型的列 enm('first','second','third')，查看列成员的索引值，SQL 语句如下：

首先，创建表 tmp9：

```
CREATE TABLE tmp9( enm ENUM('first','second','third') );
```

插入各个列值：

```
INSERT INTO tmp9 values('first'),('second') ,('third') , (NULL);
```

查看索引值：

```
mysql> SELECT enm, enm+0 FROM tmp9;
+--------+-------+
| enm    | enm+0 |
+--------+-------+
| first  |     1 |
| second |     2 |
| third  |     3 |
| NULL   |  NULL |
+--------+-------+
```

可以看到，这里的索引值和前面所述的相同。

提　示
ENUM 列总有一个默认值。如果将 ENUM 列声明为 NULL，NULL 值就为该列的一个有效值，并且默认值为 NULL。如果 ENUM 列被声明为 NOT NULL，其默认值就为允许的值列表的第 1 个元素。

【例 4.22】创建表 tmp10，定义 INT 类型的字段 soc，ENUM 类型的字段 level，列表值为 ('excellent','good', 'bad')，向表 tmp10 中插入数据'good'、1、2、3、'best'、SQL 语句如下：

首先，创建数据表：

```
CREATE TABLE tmp10 (soc INT, level enum('excellent', 'good','bad') );
```

插入数据：

```
INSERT INTO tmp10 values(70,'good'), (90,1),(75,2),(50,3);
```

再次插入数据：

```
mysql>INSERT INTO tmp10 values (100,'best');
ERROR 1265 (01000): Data truncated for column 'level' at row 1
```

这里系统提示错误信息，可以看到，由于字符串值“best”不在 ENUM 列表中，因此对数据进行了阻止插入操作，查询结果如下：

```
mysql> SELECT * FROM tmp10;
+------+-----------+
| soc  | level     |
+------+-----------+
|   70 | good      |
|   90 | excellent |
|   75 | good      |
|   50 | bad       |
+------+-----------+
```

由结果可以看到，由于 ENUM 列表中的值在 MySQL 中都是以编号序列存储的，因此插入列表中的值“good”或者插入其对应序号'2'的结果是相同的；“best”不是列表中的值，因此不能插入数据。

4. SET 类型

SET 是一个字符串对象，可以有零个或多个值，SET 列最多可以有 64 个成员，其值为表创建时规定的一列值。指定包括多个 SET 成员的 SET 列值时，各成员之间用逗号（,）间隔开。语法格式如下：

```
SET('值1','值2',...,'值n')
```

与 ENUM 类型相同，SET 值在内部用整数表示，列表中每一个值都有一个索引编号。当创建表时，SET 成员值的尾部空格将自动被删除。但与 ENUM 类型不同的是，ENUM 类型的字段只能从定义的列值中选择一个值插入，而 SET 类型的列可从定义的列值中选择多个字符的联合。

如果插入 SET 字段中的列值有重复，MySQL 就会自动删除重复的值。插入 SET 字段的值的顺序并不重要，MySQL 会在存入数据库时按照定义的顺序显示。如果插入了不正确的值，默认情况下，MySQL 将忽视这些值，并给出警告。

【例 4.23】创建表 tmp11，定义 SET 类型的字段 s，取值列表为('a', 'b', 'c', 'd')，插入数据('a')、('a,b,a')、('c,a,d')、('a,x,b,y')，SQL 语句如下：

首先创建表 tmp11：

```
CREATE TABLE tmp11 ( s SET('a', 'b', 'c', 'd'));
```

插入数据：

```
INSERT INTO tmp11 values('a'),( 'a,b,a'),('c,a,d');
```

再次插入数据：

```
mysql>INSERT INTO tmp11 values ('a,x,b,y');
ERROR 1265 (01000): Data truncated for column 's' at row 1
```

由于插入了 SET 列不支持的值，因此 MySQL 给出错误提示。

查看结果：

```
mysql> SELECT * FROM tmp11;
+-------+
| s     |
+-------+
| a     |
| a,b   |
| a,c,d |
+-------+
```

从结果可以看到，对于 SET 来说，如果插入的值为重复的，就只取一个，例如"a,b,a"，则结果为"a,b"；如果插入了不按顺序排列的值，就自动按顺序插入，例如"c,a,d"，结果为"a,c,d"；如果插入了不正确的值，该值将被阻止插入，例如插入值"a,x,b,y"。

4.1.5 二进制字符串类型

前面讲解了存储文本的字符串类型，这一小节将讲解 MySQL 中存储二进制数据的字符串类型。MySQL 中的二进制数据类型有 BIT、BINARY、VARBINARY、TINYBLOB、BLOB、MEDIUMBLOB 和 LONGBLOB。本节将讲解各类二进制字符串类型的特点和使用方法。表 4.8 列出了 MySQL 中的二进制字符串类型。

表 4.8　MySQL 中的二进制字符串类型

类型名称	说　明	存储需求
BIT(M)	位字段类型	大约(M+7)/8 字节
BINARY(M)	固定长度二进制字符串	M 字节
VARBINARY(M)	可变长度二进制字符串	M+1 字节
TINYBLOB(M)	非常小的 BLOB	L+1 字节，在此 L<2^8
BLOB(M)	小 BLOB	L+2 字节，在此 L<2^{16}
MEDIUMBLOB(M)	中等大小的 BLOB	L+3 字节，在此 L<2^{24}
LONGBLOB(M)	非常大的 BLOB	L+4 字节，在此 L<2^{32}

1. BIT 类型

BIT 类型是位字段类型。M 表示每个值的位数，范围为 1~64。如果 M 被省略，就默认为 1。如果为 BIT(M)列分配的值的长度小于 M 位，就在值的左边用 0 填充。例如，为 BIT(6)列分配一个值 b'101'，其效果与分配 b'000101'相同。BIT 数据类型用来保存位字段值，例如以二进制的形式保存数据 13，13 的二进制形式为 1101，在这里需要位数至少为 4 位的 BIT 类型，即可以定义列类型为 BIT(4)。大于二进制 1111 的数据是不能插入 BIT(4)类型的字段中的。

【例 4.24】创建表 tmp12，定义 BIT(4)类型的字段 b，向表中插入数据 2、9、15。

首先创建表 tmp12，SQL 语句如下：

```
CREATE TABLE tmp12( b BIT(4) );
```

插入数据：

```
mysql> INSERT INTO tmp12 VALUES(2), (9), (15);
```

查询插入结果：

```
mysql> SELECT BIN(b+0) FROM tmp12;
+------------+
| BIN(b+0)   |
+------------+
| 10         |
| 1001       |
| 1111       |
+------------+
```

b+0 表示将二进制的结果转换为对应的数字的值，BIN() 函数将数字转换为二进制。从结果可以看到，成功地将 3 个数插入表中。

> **提 示**
>
> 默认情况下，MySQL 不可以插入超出该列允许范围的值，因此插入的数据要确保插入的值在指定的范围内。

2. BINARY 和 VARBINARY 类型

BINARY 和 VARBINARY 类型类似于 CHAR 和 VARCHAR，不同的是它们包含二进制字节字符串。其使用的语法格式如下：

```
列名称 BINARY(M) 或者 VARBINARY(M)
```

BINARY 类型的长度是固定的，指定长度之后，不足最大长度的，将在它们右边填充'\0'补齐以达到指定长度。例如，指定列数据类型为 BINARY(3)，当插入'a'时，存储的内容实际为 "a\0\0"，当插入 "ab" 时，实际存储的内容为 "ab\0"，无论存储的内容是否达到指定的长度，其存储空间均为指定的值 M。

VARBINARY 类型的长度是可变的，指定长度之后，其长度可以在 0 到最大值之间。例如，指定列数据类型为 VARBINARY(20)，如果插入的值的长度只有 10，那么实际存储空间为 10 加 1，即实际占用的空间为字符串的实际长度加 1。

【例 4.25】创建表 tmp13，定义 BINARY(3)类型的字段 b 和 VARBINARY(3)类型的字段 vb，并向表中插入数据'5'，比较两个字段的存储空间。

首先创建表 tmp13，输入 SQL 语句如下：

```
CREATE TABLE tmp13(
b binary(3),  vb varbinary(3));
```

插入数据：

```
INSERT INTO tmp13 VALUES(5,5);
```

查看两个字段存储数据的长度：

```
mysql> SELECT length(b), length(vb) FROM tmp13;
+-----------+------------+
| length(b) | length(vb) |
+-----------+------------+
|     3     |     1      |
+-----------+------------+
```

可以看到，b 字段的值数据长度为 3，而 vb 字段的数据长度仅为插入的一个字符的长度 1。如果想要进一步确认'5'在两个字段中不同的存储方式，输入如下语句：

```
mysql> SELECT b,vb,b = '5', b='5\0\0',vb='5',vb = '5\0\0' FROM tmp13;
+------+------+---------+-----------+--------+--------------+
| b    | vb   | b = '5' | b='5\0\0' | vb='5' | vb = '5\0\0' |
+------+------+---------+-----------+--------+--------------+
| 5    | 5    |    0    |     1     |    1   |      0       |
+------+------+---------+-----------+--------+--------------+
```

由执行结果可以看出，b 字段和 vb 字段的长度是截然不同的，因为 b 字段不足的空间填充了'\0'，而 vb 字段则没有填充。

3. BLOB 类型

BLOB 是一个二进制大对象，用来存储可变数量的数据。BLOB 类型分为 4 种：TINYBLOB、BLOB、MEDIUMBLOB 和 LONGBLOB，它们可容纳值的最大长度不同，如表 4.9 所示。

表 4.9　BLOB 类型的存储范围

数据类型	存储范围
TINYBLOB	最大长度为 255（2^8-1）B
BLOB	最大长度为 65 535（$2^{16}-1$）B
MEDIUMBLOB	最大长度为 16 777 215（$2^{24}-1$）B
LONGBLOB	最大长度为 4 294 967 295B 或 4GB（$2^{32}-1$）B

BLOB 列存储的是二进制字符串（字节字符串）；TEXT 列存储的是非二进制字符串（字符字符串）。BLOB 列没有字符集，并且排序和比较基于列值字节的数值；TEXT 列有一个字符集，并且根据字符集对值进行排序和比较。

4.2　如何选择数据类型

MySQL 提供了大量的数据类型，为了优化存储，提高数据库性能，在任何情况下均应使用最精确的类型，即在所有可以表示该列值的类型中，该类型使用的存储最少。

1. 整数和浮点数

如果不需要小数部分，就使用整数来保存数据；如果需要小数部分，就使用浮点数类型。对于浮点数据列，存入的数值会对该列定义的小数位进行四舍五入。例如，如果列的值的范围为 1~99999，若使用整数，则 MEDIUMINT UNSIGNED 是最好的类型；若需要存储小数，则使用 FLOAT 类型。

浮点类型包括 FLOAT 和 DOUBLE 类型。DOUBLE 类型精度比 FLOAT 类型高，因此，若要求存储的精度较高，则应选择 DOUBLE 类型。

2. 浮点数和定点数

浮点数 FLOAT、DOUBLE 相对于定点数 DECIMAL 的优势是：在长度一定的情况下，浮点数能表示更大的数据范围。但是由于浮点数容易产生误差，因此对精确度要求比较高时，建议使用 DECIMAL 来存储。DECIMAL 在 MySQL 中是以字符串存储的，用于定义货币等对精确度要求较高的数据。在数据迁移中，FLOAT(M,D)是非标准 SQL 定义，数据库迁移可能会出现问题，最好不要这样使用。另外，两个浮点数进行减法和比较运算时容易出问题，因此在进行计算的时候一定要小心。如果进行数值比较，那么最好使用 DECIMAL 类型。

3. 日期与时间类型

MySQL 对于不同种类的日期和时间有很多的数据类型，比如 YEAR 和 TIME。如果只需要记录年份，那么使用 YEAR 类型即可；如果只记录时间，那么只需使用 TIME 类型。

如果同时需要记录日期和时间，那么可以使用 TIMESTAMP 或者 DATETIME 类型。由于 TIMESTAMP 列的取值范围小于 DATETIME 的取值范围，因此存储范围较大的日期最好使用 DATETIME。

TIMESTAMP 有一个 DATETIME 不具备的属性。默认情况下，当插入一条记录但并没有指定 TIMESTAMP 这个列值时，MySQL 会把 TIMESTAMP 列设为当前的时间。因此，当需要插入记录同时插入当前时间时，使用 TIMESTAMP 是方便的，另外，TIMESTAMP 在空间上比 DATETIME 更有效。

4. CHAR 与 VARCHAR 之间的特点与选择

CHAR 和 VARCHAR 的区别如下：

- CHAR 是固定长度字符，VARCHAR 是可变长度字符。
- CHAR 会自动删除插入数据的尾部空格，VARCHAR 不会删除尾部空格。

CHAR 是固定长度，所以它的处理速度比 VARCHAR 的速度要快，但是它的缺点是浪费存储空间。所以对存储不大，但在速度上有要求的可以使用 CHAR 类型，反之可以使用 VARCHAR 类型来实现。

存储引擎对于选择 CHAR 和 VARCHAR 的影响：

- 对于 MyISAM 存储引擎：最好使用固定长度的数据列代替可变长度的数据列。这样可以使整个表静态化，从而使数据检索更快，用空间换时间。
- 对于 InnoDB 存储引擎：使用可变长度的数据列，因为 InnoDB 数据表的存储格式不分固定长度和可变长度，因此使用 CHAR 不一定比使用 VARCHAR 更好，但由于 VARCHAR 是按照实际的长度存储的，比较节省空间，因此对磁盘 I/O 和数据存储总量比较好。

5. ENUM 和 SET

ENUM 只能取单值，它的数据列表是一个枚举集合。ENUM 的合法取值列表最多允许有 65 535 个成员。因此，在需要从多个值中选取一个时，可以使用 ENUM，比如性别字段适合定义为 ENUM 类型，每次只能从'男'或'女'中取一个值。

SET 可取多值。SET 的合法取值列表最多允许有 64 个成员。空字符串是一个合法的 SET 值。在需要取多个值的时候，适合使用 SET 类型，比如要存储一个人的兴趣爱好，最好使用 SET 类型。

ENUM 和 SET 的值是以字符串形式出现的，但在内部，MySQL 以数值的形式存储它们。

6. BLOB 和 TEXT

BLOB 是二进制字符串，TEXT 是非二进制字符串，两者均可存放大容量的信息。BLOB 主要存储图片、音频信息等，而 TEXT 只能存储纯文本文件。

4.3 常见运算符介绍

运算符连接表达式中的各个操作数，其作用是用来指明对操作数所进行的运算。运用运算符可以更加灵活地使用表中的数据，常见的运算符类型有：算术运算符、比较运算符、逻辑运算符、位运算符。本节将介绍各种运算符的特点和使用方法。

4.3.1 运算符概述

运算符是告诉 MySQL 执行特定算术或逻辑操作的符号。MySQL 的内部运算符很丰富，主要有四大类，分别是：算术运算符、比较运算符、逻辑运算符、位运算符。

1. 算术运算符

算术运算符用于各类数值运算，包括加（+）、减（-）、乘（*）、除（/）、求余（或称模运算，%）。

2. 比较运算符

比较运算符用于比较运算，包括大于（>）、小于（<）、等于（=）、大于等于（>=）、小于等于（<=）、不等于（!=），以及 IN、BETWEEN…AND…、IS NULL、GREATEST、LEAST、LIKE、REGEXP 等。

3. 逻辑运算符

逻辑运算符的求值所得结果均为 1（TRUE）或 0（FALSE），这类运算符有逻辑非（NOT 或者!）、逻辑与（AND 或者&&）、逻辑或（OR 或者||）、逻辑异或（XOR）。

4. 位运算符

对于位运算符，参与运算的操作数按二进制位进行运算，包括位与（&）、位或（|）、位非（~）、位异或（^）、左移（<<）、右移（>>）6 种。

接下来，将对 MySQL 中各种运算符的使用进行详细的介绍。

4.3.2 算术运算符

算术运算符是 MySQL 中基本的运算符，MySQL 中的算术运算符如表 4.10 所示。

表 4.10　MySQL 中的算术运算符

运 算 符	作　　用
+	加法运算
-	减法运算

（续表）

运　算　符	作　　用
*	乘法运算
/	除法运算，返回商
%	求余运算，返回余数

下面分别讨论不同算术运算符的使用方法。

【例 4.26】创建表 tmp14，定义数据类型为 INT 的字段 num，插入值 64，对 num 值进行算术运算。

首先创建表 tmp14，输入语句如下：

```
CREATE TABLE tmp14 ( num INT);
```

向字段 num 插入数据 64：

```
INSERT INTO tmp14 value(64);
```

接下来，对 num 值进行加法和减法运算：

```
mysql> SELECT num, num+10, num-3+5, num+5-3, num+36.5 FROM tmp14;
+-------+--------+---------+---------+----------+
| num   | num+10 | num-3+5 | num+5-3 | num+36.5 |
+-------+--------+---------+---------+----------+
|    64 |     74 |      66 |      66 |    100.5 |
+-------+--------+---------+---------+----------+
```

由计算结果可以看到，可以对 num 字段的值进行加法和减法运算，而且由于"+"和"–"的优先级相同，因此先加后减或者先减后加之后的结果是相同的。

【例 4.27】对表 tmp14 中的 num 进行乘法、除法运算。

```
mysql> SELECT num, num *2, num /2, num/3, num%3 FROM tmp14;
+-------+--------+---------+---------+-------+
| num   | num *2 | num /2  | num/3   | num%3 |
+-------+--------+---------+---------+-------+
|    64 |    128 | 32.0000 | 21.3333 |     1 |
+-------+--------+---------+---------+-------+
```

由计算结果可以看到，对 num 进行除法运算的时候，由于 64 无法被 3 整除，因此 MySQL 对 num/3 求商的结果保存到了小数点后面 4 位，结果为 21.3333；64 除以 3 的余数为 1，因此取余运算 num%3 的结果为 1。

在进行数学运算时，除数为 0 的除法是没有意义的，因此除法运算中的除数不能为 0，如果被 0 除，返回结果就为 NULL。

【例 4.28】用 0 除 num。

```
mysql> SELECT num, num / 0, num %0 FROM tmp14;
+------+--------+---------+
| num  | num / 0| num %0  |
+------+--------+---------+
|  64  | NULL   | NULL    |
+------+--------+---------+
```

由计算结果可以看到，对 num 进行除法求商或者求余运算的结果均为 NULL。

4.3.3 比较运算符

一个比较运算符的结果总是 1、0 或者 NULL，比较运算符经常在 SELECT 的查询条件子句中使用，用来查询满足指定条件的记录。MySQL 中的比较运算符如表 4.11 所示。

表 4.11 MySQL 中的比较运算符

运 算 符	作 用
=	等于
<=>	安全的等于
< > (!=)	不等于
<=	小于等于
>=	大于等于
>	大于
IS NULL	判断一个值是否为 NULL
IS NOT NULL	判断一个值是否不为 NULL
LEAST	在有两个或多个参数时，返回最小值
GREATEST	当有两个或多个参数时，返回最大值
BETWEEN AND	判断一个值是否落在两个值之间
ISNULL	与 IS NULL 的作用相同
IN	判断一个值是 IN 列表中的任意一个值
NOT IN	判断一个值不是 IN 列表中的任意一个值
LIKE	通配符匹配
REGEXP	正则表达式匹配

下面分别讨论不同比较运算符的使用方法。

1. 等于运算符（=）

等号（=）用来判断数字、字符串和表达式是否相等。如果相等，返回值就为 1，否则返回值为 0。

【例 4.29】使用 "=" 进行相等判断，SQL 语句如下：

```
mysql> SELECT 1=0, '2'=2, 2=2,'0.02'=0, 'b'='b', (1+3) = (2+2),NULL=NULL;
```

```
+-----+-------+-----+----------+---------+-----------------+-----------+
| 1=0 |'2'=2| 2=2 | '0.02'=0 | 'b'='b' | (1+3) = (2+2)   | NULL=NULL |
+-----+-------+-----+----------+---------+-----------------+-----------+
|   0 |   1 |   1 |     0    |    1    |        1        |    NULL   |
+-----+-------+-----+----------+---------+-----------------+-----------+
```

由结果可以看到，在进行判断时，2=2 和'2'=2 的返回值相同，都为 1。因为在进行判断时，MySQL 自动进行了转换，把字符'2'转换成了数字 2；'b'='b'为相同的字符比较，因此返回值为 1；表达式 1+3 和表达式 2+2 的结果都为 4，因此结果相等，返回值为 1；由于"="不能用于空值（NULL）的判断，因此返回值为 NULL。

数值比较有如下规则：

（1）若有一个或两个参数为 NULL，则比较运算的结果为 NULL。

（2）若同一个比较运算中的两个参数都是字符串，则按照字符串进行比较。

（3）若两个参数均为整数，则按照整数进行比较。

（4）若一个字符串和数字进行相等判断，则 MySQL 可以自动将字符串转换为数字。

2. 安全等于运算符（<=>）

这个操作符和"="操作符执行相同的比较操作，不过"<=>"可以用来判断 NULL 值。在两个操作数均为 NULL 时，其返回值为 1 而不为 NULL；而当一个操作数为 NULL 时，其返回值为 0 而不为 NULL。

【例 4.30】使用"<=>"进行相等的判断，SQL 语句如下：

```
mysql> SELECT 1<=>0,  '2'<=>2,  2<=>2,'0.02'<=>0,  'b'<=>'b',  (1+3)  <=>
(2+1),NULL<=>NULL;
  +-------+---------+-------+------------+----------+-------+--------+
  | 1<=>0 | '2'<=>2| 2<=>2 | '0.02'<=>0 | 'b'<=>'b'| (1+3)  <=>  (2+1) |
NULL<=>NULL|
  +-------+---------+-------+------------+----------+-------+--------+
  |   0   |    1   |   1   |     0      |    1     |     0  |    1   |
  +-------+---------+-------+------------+----------+-------+--------+
```

由结果可以看到，"<=>"在执行比较操作时和"="的作用是相似的，唯一的区别是"<=>"可以用来对 NULL 进行判断，两者都为 NULL 时返回值为 1。

3. 不等于运算符（<>或者 !=）

"<>"或者"!="用于判断数字、字符串、表达式等是否不相等。如果不相等，返回值就为 1，否则返回值为 0。这两个运算符不能用于判断空值（NULL）。

【例 4.31】使用"<>"和"!="进行不相等的判断，SQL 语句如下：

```
mysql> SELECT 'good'<>'god', 1<>2, 4!=4, 5.5!=5, (1+3)!=(2+1),NULL<>NULL;
  +---------------+------+------+--------+--------------+-----------+
```

```
| 'good'<>'god' | 1<>2 | 4!=4 | 5.5!=5 | (1+3)!=(2+1) | NULL<>NULL |
+---------------+------+------+--------+--------------+-----------+
|             1 |    1 |    0 |      1 |            1 |      NULL |
+---------------+------+------+--------+--------------+-----------+
```

由结果可以看到，两个不等于运算符的作用相同，都可以进行数字、字符串、表达式的比较判断。

4. 小于或等于运算符（<=）

"<="用来判断左边的操作数是否小于或者等于右边的操作数。如果小于或者等于，返回值为 1，否则返回值为 0。"<="不能用于判断空值 NULL。

【例 4.32】使用"<="进行比较判断，SQL 语句如下：

```
mysql>SELECT 'good'<='god', 1<=2, 4<=4, 5.5<=5, (1+3) <= (2+1),NULL<=NULL;
+---------------+------+------+--------+----------------+-----------+
| 'good'<='god' | 1<=2 | 4<=4 | 5.5<=5 | (1+3) <= (2+1) | NULL<=NULL |
+---------------+------+------+--------+----------------+-----------+
|             0 |    1 |    1 |      0 |              0 |      NULL |
+---------------+------+------+--------+----------------+-----------+
```

由结果可以看到，当左边的操作数小于或者等于右边的操作数时，返回值为 1，例如：4<=4；当左边的操作数大于右边时，返回值为 0，例如'good'第 3 个位置的'o'字符在字母表中的顺序大于'god'中的第 3 个位置的'd'字符，因此返回值为 0；同样比较 NULL 值时返回 NULL。

5. 小于运算符（<）

"<"运算符用来判断左边的操作数是否小于右边的操作数，如果小于，返回值就为 1，否则返回值为 0。"<"不能用于判断空值（NULL）。

【例 4.33】使用"<"进行比较判断，SQL 语句如下：

```
mysql> SELECT 'good'<'god', 1<2, 4<4, 5.5<5, (1+3) < (2+1),NULL<NULL;
+--------------+-----+-----+-------+---------------+-----------+
| 'good'<'god' | 1<2 | 4<4 | 5.5<5 | (1+3) < (2+1) | NULL<NULL |
+--------------+-----+-----+-------+---------------+-----------+
|            0 |   1 |   0 |     0 |             0 |      NULL |
+--------------+-----+-----+-------+---------------+-----------+
```

由结果可以看到，当左边的操作数小于右边的操作数时，返回值为 1，例如 1<2；当左边的操作数大于右边的操作数时，返回值为 0，例如'good'第 3 个位置的'o'字符在字母表中的顺序大于'god'中的第 3 个位置的'd'字符，因此返回值为 0；同样比较 NULL 值时返回 NULL。

6. 大于或等于运算符（>=）

"**>=**"运算符用来判断左边的操作数是否大于或者等于右边的操作数，如果大于或者等于，返回值就为 1，否则返回值为 0。"**>=**"不能用于判断空值（NULL）。

【例 4.34】使用"**>=**"进行比较判断，SQL 语句如下：

```
MySQL> SELECT 'good'>='god', 1>=2, 4>=4, 5.5>=5, (1+3) >= (2+1),NULL>=NULL;
+---------------+------+------+--------+-----------------+-----------+
| 'good'>='god' | 1>=2 | 4>=4 | 5.5>=5 | (1+3) >= (2+1)  | NULL>=NULL |
+---------------+------+------+--------+-----------------+-----------+
|             1 |    0 |    1 |      1 |               1 |      NULL |
+---------------+------+------+--------+-----------------+-----------+
```

由结果可以看到，当左边的操作数大于或者等于右边的操作数时，返回值为 1，例如 4>=4；当左边的操作数小于右边的操作数时，返回值为 0，例如 1>=2；同样比较 NULL 值时返回 NULL。

7. 大于运算符（>）

"**>**"运算符用来判断左边的操作数是否大于右边的操作数，如果大于，返回值就为 1，否则返回值为 0。"**>**"不能用于判断空值（NULL）。

【例 4.35】使用"**>**"进行比较判断，SQL 语句如下：

```
mysql> SELECT 'good'>'god', 1>2, 4>4, 5.5>5, (1+3) > (2+1),NULL>NULL;
+--------------+-----+-----+-------+---------------+-----------+
| 'good'>'god' | 1>2 | 4>4 | 5.5>5 | (1+3) > (2+1) | NULL>NULL |
+--------------+-----+-----+-------+---------------+-----------+
|            1 |   0 |   0 |     1 |             1 |      NULL |
+--------------+-----+-----+-------+---------------+-----------+
```

由结果可以看到，当左边的操作数大于右边的操作数时，返回值为 1，例如 5.5>5；当左边的操作数小于右边的操作数时，返回值 0，例如 1>2；同样比较 NULL 值时返回 NULL。

8. IS NULL（ISNULL）、IS NOT NULL 运算符

IS NULL 和 ISNULL 用于检验一个值是否为 NULL，如果为 NULL，返回值就为 1，否则返回值为 0；IS NOT NULL 用于检验一个值是否非 NULL，如果非 NULL，返回值就为 1，否则返回值为 0。

【例 4.36】使用 IS NULL、ISNULL 和 IS NOT NULL 判断 NULL 值和非 NULL 值，SQL 语句如下：

```
mysql> SELECT NULL IS NULL, ISNULL(NULL),ISNULL(10), 10 IS NOT NULL;
+--------------+--------------+------------+----------------+
| NULL IS NULL | ISNULL(NULL) | ISNULL(10) | 10 IS NOT NULL |
```

```
+---------------+---------------+---------------+---------------+
|            1  |            1  |            0  |            1  |
+---------------+---------------+---------------+---------------+
```

由结果可以看到，IS NULL 和 ISNULL 的作用相同，只是格式不同。ISNULL 和 IS NOT NULL 的返回值正好相反。

9. BETWEEN…AND…运算符

语法格式为：expr BETWEEN min AND max。若 expr 大于或等于 min 且小于或等于 max，则 BETWEEN 的返回值为 1，否则返回值为 0。

【例 4.37】使用 BETWEEN…AND…运算符进行值区间判断，SQL 语句如下：

```
mysql> SELECT 4 BETWEEN 2 AND 5, 4 BETWEEN 4 AND 6,12 BETWEEN 9 AND 10;
+-------------------+-------------------+--------------------+
| 4 BETWEEN 2 AND 5 | 4 BETWEEN 4 AND 6 | 12 BETWEEN 9 AND 10 |
+-------------------+-------------------+--------------------+
|                 1 |                 1 |                  0 |
+-------------------+-------------------+--------------------+

mysql> SELECT 'x' BETWEEN 'f' AND 'g', 'b' BETWEEN 'a' AND 'c';
+-------------------------+-------------------------+
| 'x' BETWEEN 'f' AND 'g' | 'b' BETWEEN 'a' AND 'c' |
+-------------------------+-------------------------+
|                       0 |                       1 |
+-------------------------+-------------------------+
```

由结果可以看到，4 在端点值区间内或者等于其中一个端点值时，BETWEEN…AND…表达式的返回值为 1；12 并不在指定区间内，因此返回值为 0；对于字符串类型的比较，按字母表中的字母顺序进行比较，'x'不在指定的字母区间内，因此返回值为 0，而'b'位于指定字母区间内，因此返回值为 1。

10. LEAST 运算符

语法格式为：LEAST(值 1,值 2,…,值 n)，其中值 n 表示参数列表中有 n 个值。在有两个或多个参数的情况下，返回最小值。若任意一个自变量为 NULL，则 LEAST()的返回值为 NULL。

【例 4.38】使用 LEAST 运算符进行大小判断，SQL 语句如下：

```
mysql>          SELECT          least(2,0),      least(20.0,3.0,100.5),
least('a','c','b'),least(10,NULL);
+------------+----------------------+--------------------+----------------+
| least(2,0) | least(20.0,3.0,100.5) | least('a','c','b') | least(10,NULL) |
```

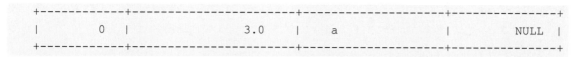

```
+-----------+-----------------+---------------+--------------+
|     0     |       3.0       |      a        |     NULL     |
+-----------+-----------------+---------------+--------------+
```

由结果可以看到，当参数是整数或者浮点数时，LEAST 将返回其中最小的值；当参数为字符串时，返回字母表中顺序最靠前的字符；当比较值列表中有 NULL 时，不能判断大小，返回值为 NULL。

11. GREATEST (value1,value2,...)

语法格式为：GREATEST(值 1，值 2,...,值 n)，其中 n 表示参数列表中有 n 个值。当有两个或多个参数时，返回值为最大值，若任意一个自变量为 NULL，则 GREATEST()的返回值为 NULL。

【例 4.39】使用 GREATEST 运算符进行大小判断，SQL 语句如下：

```
mysql>          SELECT          greatest(2,0),          greatest(20.0,3.0,100.5),
greatest('a','c','b'),greatest(10,NULL);
+------------+-----------------------+--------------------+------------+
|greatest(2,0)|greatest(20.0,3.0,100.5)|greatest('a','c','b')|greatest(10,N
ULL) |
+------------+-----------------------+--------------------+------------+
|     2      |          100.5         | c                  |     NULL   |
+------------+-----------------------+--------------------+------------+
```

由结果可以看到，当参数是整数或者浮点数时，GREATEST 将返回其中最大的值；当参数为字符串时，返回字母表中顺序最靠后的字符；当比较值列表中有 NULL 时，不能判断大小，返回值为 NULL。

12. IN、NOT IN 运算符

IN 运算符用来判断操作数是否为 IN 列表中的其中一个值，如果是，返回值就为 1，否则返回值为 0。

NOT IN 运算符用来判断表达式是否为 IN 列表中的其中一个值，如果不是，返回值就为 1，否则返回值为 0。

【例 4.40】使用 IN、NOT IN 运算符进行判断，SQL 语句如下：

```
mysql> SELECT 2 IN (1,3,5,'thks'), 'thks' IN (1,3,5,'thks');
+--------------------+------------------------+
| 2 IN (1,3,5,'thks') | 'thks' IN (1,3,5,'thks') |
+--------------------+------------------------+
|                  0 |                      1 |
+--------------------+------------------------+

mysql> SELECT 2 NOT IN (1,3,5,'thks'), 'thks' NOT IN (1,3,5,'thks');
```

```
+-------------------------+-------------------------------+
| 2 NOT IN (1,3,5,'thks') | 'thks' NOT IN (1,3,5,'thks') |
+-------------------------+-------------------------------+
|            1            |              0                |
+-------------------------+-------------------------------+
```

由结果可以看到，IN 和 NOT IN 的返回值正好相反。

在左侧表达式为 NULL 的情况下，或者表中找不到匹配项并且表中一个表达式为 NULL 的情况下，IN 的返回值均为 NULL。

【例 4.41】存在 NULL 值时的 IN 查询，SQL 语句如下：

```
mysql> SELECT NULL IN (1,3,5,'thks'),10 IN (1,3,NULL,'thks');
+------------------------+-------------------------+
| NULL IN (1,3,5,'thks') | 10 IN (1,3,NULL,'thks') |
+------------------------+-------------------------+
|          NULL          |           NULL          |
+------------------------+-------------------------+
```

IN 语法也可用于在 SELECT 语句中进行嵌套子查询，在后面的章节中将会讲到。

13. LIKE

LIKE 运算符用来匹配字符串，语法格式为：expr LIKE 匹配条件，若 expr 满足匹配条件，则返回值为 1（TRUE）；若不匹配，则返回值为 0（FALSE）。若 expr 或匹配条件中任何一个为 NULL，则结果为 NULL。

LIKE 运算符在进行匹配时，可以使用下面两种通配符：

（1）%：匹配任何数目的字符，甚至包括零字符。

（2）_：只能匹配一个字符。

【例 4.42】使用运算符 LIKE 进行字符串匹配运算，SQL 语句如下：

```
mysql> SELECT 'stud' LIKE 'stud', 'stud' LIKE 'stu_','stud' LIKE
'%d','stud' LIKE 't_ _ _', 's' LIKE NULL;
+--------------+--------------+--------------+--------------+--------+
|'stud' LIKE 'stud'|'stud' LIKE 'stu_'|'stud' LIKE '%d'|'stud' LIKE 't_ _
_'| 's' LIKE NULL |
+--------------+--------------+--------------+--------------+--------+
|        1     |        1     |        1     |        0     |NULL    |
+--------------+--------------+--------------+--------------+--------+
```

由结果可以看到，指定匹配字符串为"stud"。"stud"表示直接匹配"stud"字符串，满足匹配条件，返回 1；"stu_"表示匹配以 stu 开头的长度为 4 个字符的字符串，"stud"正好是 4 个字符，满足匹配条件，因此匹配成功，返回 1；"%d"表示匹配以字母"d"结尾的字符串，"stud"满足匹配条件，匹配成功，返回 1；"t _ _ _"表示匹配以't'开头的长度为 4 个字符的字符串，"stud"不满足匹配条件，因此返回 0；当字符's'与 NULL 匹配时，结果为 NULL。

14. REGEXP

REGEXP 运算符用来匹配字符串，语法格式为：expr REGEXP 匹配条件，若 expr 满足匹配条件，则返回 1；若不满足，则返回 0；若 expr 或匹配条件任意一个为 NULL，则结果为 NULL。

REGEXP 运算符在进行匹配时，常用的有下面几种通配符：

（1）^：匹配以该字符后面的字符开头的字符串。

（2）$：匹配以该字符后面的字符结尾的字符串。

（3）.：匹配任何一个单字符。

（4）[...]：匹配在方括号内的任何字符。例如，"[abc]" 匹配 "a" "b" 或 "c"。为了命名字符的范围，使用一个 "-"。"[a-z]" 匹配任何字母，而 "[0-9]" 匹配任何数字。

（5）*：匹配零个或多个在它前面的字符。例如，"x*" 匹配任何数量的'x'字符，"[0-9]*" 匹配任何数量的数字，而 "*" 匹配任何数量的任何字符。

【例 4.43】使用运算符 REGEXP 进行字符串匹配运算，SQL 语句如下：

```
mysql> SELECT 'ssky' REGEXP '^s', 'ssky' REGEXP 'y$', 'ssky' REGEXP '.sky',
'ssky' REGEXP '[ab]';
   +-----------+---------------+-----------------+-----------------+
   |'ssky' REGEXP '^s'|'ssky' REGEXP 'y$'|'ssky' REGEXP '.sky'|'ssky' REGEXP
'[ab]'|
   +-----------+---------------+-----------------+-----------------+
   |         1 |             1 |               1 |               0 |
   +-----------+---------------+-----------------+-----------------+
```

由结果可以看到，指定匹配字符串为 "ssky"。"^s" 表示匹配任何以字母's'开头的字符串，因此满足匹配条件，返回 1；"y$" 表示任何以字母'y'结尾的字符串，因此满足匹配条件，返回 1；".sky" 匹配任何以 "sky" 结尾，字符长度为 4 的字符串，满足匹配条件，返回 1；"[ab]" 匹配任何包含字母'a'或者'b'的字符串，指定字符串中没有字母'a'也没有字母 'b'，因此不满足匹配条件，返回 0。

提　示
正则表达式是一个可以进行复杂查询的强大工具，相对于 LIKE 字符串匹配，它可以使用更多的通配符类型，查询结果更加灵活。读者可以参考相关的图书或资料，详细学习正则表达式的写法，在这里就不再详细介绍了。在后面的章节中将会介绍如何使用正则表达式查询表中的记录。

4.3.4　逻辑运算符

在 SQL 中，所有逻辑运算符求值所得的结果均为 TRUE、FALSE 或 NULL。在 MySQL 中，它们体现为 1（TRUE）、0（FALSE）和 NULL。其大多数都与不同的数据库 SQL 通用，MySQL 中的逻辑运算符如表 4.12 所示。

表 4.12　MySQL 中的逻辑运算符

运　算　符	作　　用
NOT 或者 !	逻辑非
AND 或者 &&	逻辑与
OR 或者 ||	逻辑或
XOR	逻辑异或

接下来，我们分别讨论不同的逻辑运算符的使用方法。

1. NOT 或者 !

逻辑非运算符 NOT 或者 ! 表示当操作数为 0 时，所得值为 1；当操作数为非零值时，所得值为 0；当操作数为 NULL 时，所得的返回值为 NULL。

【例 4.44】分别使用非运算符 "NOT" 和 "!" 进行逻辑判断，SQL 语句如下：

```
mysql> SELECT NOT 10, NOT (1-1), NOT -5, NOT NULL, NOT 1 + 1;
+--------+-----------+--------+----------+-----------+
| NOT 10 | NOT (1-1) | NOT -5 | NOT NULL | NOT 1 + 1 |
+--------+-----------+--------+----------+-----------+
|      0 |         1 |      0 |     NULL |         0 |
+--------+-----------+--------+----------+-----------+

mysql> SELECT !10, !(1-1), !-5, ! NULL, ! 1 + 1;
+-----+--------+-----+--------+---------+
| !10 | !(1-1) | !-5 | ! NULL | ! 1 + 1 |
+-----+--------+-----+--------+---------+
|   0 |      1 |   0 |   NULL |       1 |
+-----+--------+-----+--------+---------+
mysql> SELECT ! 1+1;
+-------+
| ! 1+1 |
+-------+
|     1 |
+-------+
```

由结果可以看到，前 4 列 "NOT" 和 "!" 的返回值都相同。但是注意最后 1 列，为什么会出现不同的值呢？这是因为 "NOT" 与 "!" 的优先级不同。"NOT" 的优先级低于 "+"，因此 "NOT 1+1" 相当于 "NOT(1+1)"，先计算 "1+1"，再进行 NOT 运算，由于操作数不为 0，因此 NOT 1 + 1 的结果是 0；相反，由于 "!" 的优先级别高于 "+" 运算，因此 "! 1+1" 相当于 "(!1)+1"，先计算 "!1" 的结果为 0，再加 1，最后结果为 1。

提　示

读者在使用运算符运算时，一定要注意不同运算符的优先级不同，如果不能确定计算顺序，最好使用括号，以保证运算结果正确。

2. AND 或者 &&

逻辑与运算符 AND 或者&&表示当所有操作数均为非零值并且不为 NULL 时，计算所得结果为 1；当一个或多个操作数为 0 时，所得结果为 0，其余情况返回值为 NULL。

【例 4.45】分别使用与运算符 "AND" 和 "&&" 进行逻辑判断，SQL 语句如下：

```
mysql> SELECT  1 AND -1,1 AND 0,1 AND NULL, 0 AND NULL;
+----------+---------+------------+------------+
| 1 AND -1 | 1 AND 0 | 1 AND NULL | 0 AND NULL |
+----------+---------+------------+------------+
|        1 |       0 |       NULL |          0 |
+----------+---------+------------+------------+

mysql> SELECT  1 && -1,1 && 0,1 && NULL, 0 && NULL;
+---------+--------+-----------+-----------+
| 1 && -1 | 1 && 0 | 1 && NULL | 0 && NULL |
+---------+--------+-----------+-----------+
|       1 |      0 |      NULL |         0 |
+---------+--------+-----------+-----------+
```

由结果可以看到，"AND" 和 "&&" 的作用相同。"1 AND -1" 中没有 0 或者 NULL，因此结果为 1；"1 AND 0" 中有操作数 0，因此结果为 0；"1 AND NULL" 中虽然有 NULL，但是没有操作数 0，返回结果为 NULL。

> **提　示**
>
> 　　AND 运算符可以有多个操作数，但要注意：当多个操作数进行运算时，AND 两边一定要使用空格隔开，不然会影响结果的正确性。

3. OR 或者 ||

逻辑或运算符 OR 或者||表示当两个操作数均为非 NULL 值，且任意一个操作数为非零值时，结果为 1，否则结果为 0；当有一个操作数为 NULL，且另一个操作数为非零值时，结果为 1，否则结果为 NULL；当两个操作数均为 NULL 时，所得结果为 NULL。

【例 4.46】分别使用或运算符 "OR" 和 "||" 进行逻辑判断，SQL 语句如下：

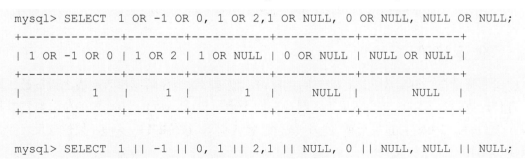

```
mysql> SELECT  1 OR -1 OR 0, 1 OR 2,1 OR NULL, 0 OR NULL, NULL OR NULL;
+--------------+--------+-----------+-----------+--------------+
| 1 OR -1 OR 0 | 1 OR 2 | 1 OR NULL | 0 OR NULL | NULL OR NULL |
+--------------+--------+-----------+-----------+--------------+
|            1 |      1 |         1 |      NULL |         NULL |
+--------------+--------+-----------+-----------+--------------+

mysql> SELECT  1 || -1 || 0, 1 || 2,1 || NULL, 0 || NULL, NULL || NULL;
```

```
+-------------+--------+----------+-----------+---------------+
| 1 || -1 || 0 | 1 || 2 | 1 || NULL | 0 || NULL | NULL || NULL |
+-------------+--------+----------+-----------+---------------+
|            1 |      1 |        1 |     NULL |          NULL |
+-------------+--------+----------+-----------+---------------+
```

由结果可以看到，"OR"和"||"的作用相同。"1 OR -1 OR 0"中有 0，但同时包含非 0 的值 1 和-1，返回结果为 1；"1 OR 2"中没有操作数 0，返回结果为 1；"1 OR NULL"中虽然有 NULL，但是有操作数 1，返回结果为 1；"0 OR NULL"中没有非 0 值，并且有 NULL，返回结果为 NULL；"NULL OR NULL"中只有 NULL，返回结果为 NULL。

4. XOR

逻辑异或运算符 XOR。当任意一个操作数为 NULL 时，返回值为 NULL；对于非 NULL 的操作数，如果两个操作数都是非 0 值或者都是 0 值，返回结果就为 0；如果一个为 0 值，另一个为非 0 值，返回结果就为 1。

【例 4.47】使用异或运算符"XOR"进行逻辑判断，SQL 语句如下：

```
SELECT 1 XOR 1, 0 XOR 0, 1 XOR 0, 1 XOR NULL, 1 XOR 1 XOR 1;
```

执行上面的语句，结果如下：

```
mysql> SELECT 1 XOR 1, 0 XOR 0, 1 XOR 0, 1 XOR NULL, 1 XOR 1 XOR 1;
+---------+---------+---------+-----------+--------------+
| 1 XOR 1 | 0 XOR 0 | 1 XOR 0 | 1 XOR NULL | 1 XOR 1 XOR 1 |
+---------+---------+---------+-----------+--------------+
|       0 |       0 |       1 |      NULL |            1 |
+---------+---------+---------+-----------+--------------+
```

由结果可以看到，"1 XOR 1"和"0 XOR 0"中运算符两边的操作数都为非零值，或者都是零值，因此返回 0；"1 XOR 0"中两边的操作数，一个为零值，另一个为非零值，返回结果为 1；"1 XOR NULL"中有一个操作数为 NULL，返回结果为 NULL；"1 XOR 1 XOR 1"中有多个操作数，运算符相同，因此运算顺序从左到右依次计算，"1 XOR 1"的结果为 0，再与 1 进行异或运算，因此结果为 1。

提 示
a XOR b 的计算等同于(a AND (NOT b))或者 ((NOT a)AND b)。

4.3.5　位运算符

位运算符是在二进制数上进行计算的运算符。位运算符会先将操作数变成二进制数，然后进行位运算，最后将计算结果从二进制数变回十进制数。MySQL 中提供的位运算符有按位或（|），按位与（&），按位异或（^），按位左移（<<），按位右移（>>），按位取反（~），如表 4.13 所示。

表 4.13 MySQL 中的位运算符

运 算 符	作 用
		位或
&	位与
^	位异或
<<	位左移
>>	位右移
~	位取反,反转所有比特

接下来,分别讨论不同的位运算符的使用方法。

1. 位或运算符 (|)

位或运算的实质是将参与运算的几个数据按对应的二进制数逐位进行逻辑或运算。若对应的二进制位有一个或两个为 1,则该位的运算结果为 1,否则为 0。

【例 4.48】使用位或运算符进行运算,SQL 语句如下:

```
mysql> SELECT 10 | 15, 9 | 4 | 2;
+---------+-----------+
| 10 | 15 | 9 | 4 | 2 |
+---------+-----------+
|      15 |        15 |
+---------+-----------+
```

10 的二进制数值为 1010,15 的二进制数值为 1111,按位或运算之后,结果为 1111,即整数 15;9 的二进制数值为 1001,4 的二进制数值为 0100,2 的二进制数值为 0010,按位或运算之后,结果为 1111,即整数 15。其结果为一个 64 位无符号整数。

2. 位与运算符 (&)

位与运算的实质是将参与运算的几个操作数按对应的二进制数逐位进行逻辑与运算。若对应的二进制位都为 1,则该位的运算结果为 1,否则为 0。

【例 4.49】使用位与运算符进行运算,SQL 语句如下:

```
mysql> SELECT 10 & 15, 9 &4& 2;
+---------+---------+
| 10 & 15 | 9 &4& 2 |
+---------+---------+
|      10 |       0 |
+---------+---------+
```

10 的二进制数值为 1010,15 的二进制数值为 1111,按位与运算之后,结果为 1010,即整数 10;9 的二进制数值为 1001,4 的二进制数值为 0100,2 的二进制数值为 0010,按位与运算之后,结果为 0000,即整数 0。位与运算结果为一个 64 位无符号整数。

3. 位异或运算符（^）

位异或运算的实质是将参与运算的两个数据按对应的二进制数逐位进行逻辑异或运算。对应位的二进制数不同时，对应位的结果才为 1。若两个对应位数都为 0 或者都为 1，则对应位的结果为 0。

【例 4.50】使用位异或运算符进行运算，SQL 语句如下：

```
mysql> SELECT 10 ^ 15, 1 ^0, 1 ^ 1;
+--------+------+-------+
| 10 ^ 15 | 1 ^0 | 1 ^ 1 |
+--------+------+-------+
|      5 |    1 |     0 |
+--------+------+-------+
```

10 的二进制数值为 1010，15 的二进制数值为 1111，按位异或运算之后，结果为 0101，即整数 5；1 的二进制数值为 0001，0 的二进制数值为 0000，按位异或运算之后，结果为 0001；1 和 1 本身二进制位完全相同，因此结果为 0。

4. 位左移运算符（<<）

位左移运算符（<<）使指定的二进制值的所有位都左移指定的位数。左移指定位数之后，左边高位的数值将被移出并丢弃，右边低位空出的位置用 0 补齐。语法格式为：expr<<n。这里 n 指定值 expr 要移位的位数。

【例 4.51】使用位左移运算符进行运算，SQL 语句如下：

```
mysql> SELECT 1<<2, 4<<2;
+------+------+
| 1<<2 | 4<<2 |
+------+------+
|    4 |   16 |
+------+------+
```

1 的二进制值为 0000 0001，左移两位之后变成 0000 0100，即十进制整数 4；十进制整数 4 左移两位之后变成 0001 0000，即变成十进制的 16。

5. 位右移运算符（>>）

位右移运算符（>>）使指定的二进制值的所有位都右移指定的位数。右移指定位数之后，右边低位的数值将被移出并丢弃，左边高位空出的位置用 0 补齐。语法格式为：expr>>n。这里 n 指定值 expr 要移位的位数。

【例 4.52】使用位右移运算符进行运算，SQL 语句如下：

```
mysql> SELECT 1>>1, 16>>2;
+------+-------+
```

```
| 1>>1 | 16>>2 |
+------+-------+
|    0 |     4 |
+------+-------+
```

1 的二进制值为 0000 0001，右移 1 位之后变成 0000 0000，即十进制整数 0；16 的二进制值为 0001 0000，右移两位之后变成 0000 0100，即变成十进制的 4。

6. 位取反运算符（~）

位取反运算的实质是将参与运算的数据按对应的二进制数逐位反转，即 1 取反后变 0，0 取反后变为 1。

【例 4.53】使用位取反运算符进行运算，SQL 语句如下：

```
mysql> SELECT 5 & ~1;
+--------+
| 5 & ~1 |
+--------+
|      4 |
+--------+
```

在逻辑运算 5&~1 中，由于位取反运算符"~"的级别高于位与运算符"&"，因此先对 1 进行取反操作，取反之后，除了最低位为 0 外，其他位都为 1，然后与十进制数值 5 进行与运算，结果为 0100，即整数 4。

提　示
MySQL 经过位运算之后的数值是一个 64 位的无符号整数，1 的二进制数值表示为最右边位为 1，其他位均为 0，取反操作之后，除了最低位外，其他位均变为 1。

可以使用 BIN() 函数查看 1 取反之后的结果，SQL 语句如下：

```
mysql> SELECT BIN(~1);
+----------------------------------------------------------------+
| BIN(~1)                                                        |
+----------------------------------------------------------------+
| 1111111111111111111111111111111111111111111111111111111111111110 |
+----------------------------------------------------------------+
```

这样，读者就可以明白例 4.53 是如何计算的了。

4.3.6　运算符的优先级

运算符的优先级决定了不同的运算符在表达式中计算的先后顺序。表 4.14 列出了 MySQL 中的各类运算符及其优先级。

表 4.14　运算符按优先级由低到高排列

优 先 级	运 算 符
最低	=（赋值运算）、:=
	‖、OR
	XOR
	&&、AND
	NOT
	BETWEEN、CASE、WHEN、THEN、ELSE
	=（比较运算）、<=>、>=、>、<=、<、<>、!=、IS、LIKE、REGEXP、IN
	‖
	&
	<<、>>
	-、+
	*、/(DIV)、%(MOD)
	^
	-（负号）、~（位反转）
最高	!

可以看到，不同运算符的优先级是不同的。一般情况下，级别高的运算符先进行计算，如果级别相同，MySQL 就按表达式的顺序从左到右依次计算。当然，在无法确定优先级的情况下，可以使用英文圆括号"()"来改变优先级，并且这样会使计算过程更加清晰。

4.4　小白疑难解惑

疑问 1：在 MySQL 中如何使用特殊字符？

诸如单引号（'）、双引号（"）、反斜线（\）等符号，这些符号在 MySQL 中不能直接输入使用，否则会产生意料之外的结果。在 MySQL 中，这些特殊字符称为转义字符，在输入时需要以反斜线符号（\）开头，所以在使用单引号和双引号时应分别输入（\'）或者（\"），输入反斜线时应该输入（\\），其他特殊字符还有回车符（\r）、换行符（\n）、制表符（\tab）、退格符（\b）等。在向数据库中插入这些特殊字符时，一定要进行转义处理。

疑问 2：在 MySQL 中可以存储文件吗？

MySQL 中的 BLOB 和 TEXT 字段类型可以存储数据量较大的文件，可以使用这些数据类型存储图像、声音或者大容量的文本内容，例如网页或者文档。虽然使用 BLOB 或者 TEXT 可以存储大容量的数据，但是对这些字段的处理会降低数据库的性能。如果并非必要，可以选择只储存文件的路径。

疑问 3：在 MySQL 中如何执行区分大小写的字符串比较？

在 Windows 平台下，MySQL 是不区分大小的，因此字符串比较函数也不区分大小写。如果想执行区分大小写的比较，那么可以在字符串前面添加 BINARY 关键字。例如，默认情况下，'a'='A'的返回结果为 1，如果使用 BINARY 关键字，BINARY 'a'='A'结果就为 0，在区分大小写的情况下，'a'与'A'并不相同。

4.5　习题演练

（1）MySQL 中的小数如何表示，不同表示方法之间有什么区别？

（2）BLOB 和 TEXT 分别适合存储什么类型的数据？

（3）说明 ENUM 和 SET 类型的区别以及在什么情况下适用？

（4）在 MySQL 中执行如下算术运算：(9-7)*4、8+15/3、17DIV2、39%12。

（5）在 MySQL 中执行如下比较运算：36>27、15>=8、40<50、15<=15、NULL<=>NULL、NULL<=>1、5<=>5。

（6）在 MySQL 中执行如下逻辑运算：4&&8、-2||NULL、NULL XOR 0、0 XOR 1、!2。

（7）在 MySQL 中执行如下位运算：13&17、20|8、14^20、~16。

第 5 章
◀ 查询数据 ▶

学习目标 Objective

数据库管理系统的一个重要的功能就是数据查询，数据查询不应只是简单返回数据库中存储的数据，还应该根据需要对数据进行筛选，以及确定数据以什么样的格式显示。MySQL提供了功能强大、灵活的语句来实现这些操作。本章将介绍如何使用 SELECT 语句查询数据表中的一列或多列数据、使用集合函数显示查询结果、连接查询、子查询以及使用正则表达式进行查询等。

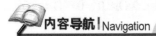

内容导航 Navigation

- 了解基本查询语句
- 掌握表单查询的方法
- 掌握如何使用几何函数查询
- 掌握连接查询的方法
- 掌握如何使用子查询
- 熟悉合并查询结果
- 熟悉如何为表和字段取别名
- 掌握如何使用正则表达式查询

5.1 基本查询语句

MySQL 从数据表中查询数据的基本语句为 SELECT 语句。SELECT 语句的基本格式如下：

```
SELECT
    {* | <字段列表>}
    [
        FROM <表1>,<表2>...
```

```
        [WHERE <表达式>
        [GROUP BY <group by definition>]
        [HAVING <expression> [{<operator> <expression>}...]]
        [ORDER BY <order by definition>]
        [LIMIT [<offset>,] <row count>]
    ]
SELECT [字段1,字段2,…,字段 n]
FROM [表或视图]
WHERE [查询条件];
```

其中，各个子句的含义如下：

- {* | <字段列表>}：包含星号通配符和字段列表，表示查询的字段，其中字段列至少包含一个字段名称，如果要查询多个字段，多个字段之间就用逗号隔开，最后一个字段后不要加逗号。
- FROM <表 1>,<表 2>…：表 1 和表 2 表示查询数据的来源，可以是单个或者多个。
- WHERE 子句：可选项，如果选择该项，就要限定查询行必须满足的查询条件。
- GROUP BY <字段>：该子句告诉 MySQL 如何显示查询出来的数据，并按照指定的字段分组。
- [ORDER BY <字段 >]：该子句告诉 MySQL 按什么样的顺序显示查询出来的数据，可以进行的排序有：升序（ASC）、降序（DESC）。
- [LIMIT [<offset>,] <row count>]：该子句告诉 MySQL 每次显示查询出来的数据条数。

SELECT 的可选参数比较多，读者可能无法一下完全理解，不要紧，接下来将从简单的参数开始学习，一步一步深入之后，读者会对各个参数的作用有清晰的认识。

下面以一个例子说明如何使用 SELECT 从单个表中获取数据。

首先定义数据表，输入语句如下：

```
CREATE TABLE fruits
(
  f_id    char(10)      NOT NULL,
  s_id    INT        NOT NULL,
  f_name char(255)      NOT NULL,
  f_price decimal(8,2)   NOT NULL,
  PRIMARY KEY(f_id)
);
```

为了演示如何使用 SELECT 语句，需要插入如下数据：

```
mysql> INSERT INTO fruits (f_id, s_id, f_name, f_price)
      VALUES('a1', 101,'apple',5.2),
      ('b1',101,'blackberry', 10.2),
      ('bs1',102,'orange', 11.2),
      ('bs2',105,'melon',8.2),
      ('t1',102,'banana', 10.3),
```

```
       ('t2',102,'grape', 5.3),
       ('o2',103,'coconut', 9.2),
       ('c0',101,'cherry', 3.2),
       ('a2',103, 'apricot',2.2),
       ('l2',104,'lemon', 6.4),
       ('b2',104,'berry', 7.6),
       ('m1',106,'mango', 15.7),
       ('m2',105,'xbabay', 2.6),
       ('t4',107,'xbababa', 3.6),
       ('m3',105,'xxtt', 11.6),
       ('b5',107,'xxxx', 3.6);
```

使用 SELECT 语句查询 f_id 字段的数据。

```
mysql> SELECT f_id, f_name FROM fruits;
+------+------------+
| f_id | f_name     |
+------+------------+
| a1   | apple      |
| a2   | apricot    |
| b1   | blackberry |
| b2   | berry      |
| b5   | xxxx       |
| bs1  | orange     |
| bs2  | melon      |
| c0   | cherry     |
| l2   | lemon      |
| m1   | mango      |
| m2   | xbabay     |
| m3   | xxtt       |
| o2   | coconut    |
| t1   | banana     |
| t2   | grape      |
| t4   | xbababa    |
+------+------------+
```

该语句的执行过程是，SELECT 语句决定了要查询的列值，在这里查询 f_id 和 f_name 两个字段的值，FROM 子句指定了数据的来源，这里指定数据表 fruits，因此返回结果为 fruits 表中 f_id 和 f_name 两个字段下所有的数据。其显示顺序为添加到表中的顺序。

5.2 单表查询

单表查询是指从一张表的数据中查询所需的数据。本节将介绍单表查询中的各种基本查询方式，主要有：查询所有字段、查询指定字段、查询指定记录、查询空值、多条件的查询、对查询结果进行排序等。

5.2.1　查询所有字段

1. 在 SELECT 语句中使用星号（*）通配符查询所有字段

SELECT 查询记录最简单的形式是从一个表中检索所有记录，实现的方法是使用星号（*）通配符指定查找所有列的名称。语法格式如下：

```
SELECT * FROM 表名;
```

【例 5.1】从 fruits 表中检索所有字段的数据，SQL 语句如下：

```
mysql> SELECT * FROM fruits;
+------+----------+--------------+-----------+
| f_id | s_id     | f_name       | f_price   |
+------+----------+--------------+-----------+
| a1   | 101      | apple        |    5.20   |
| a2   | 103      | apricot      |    2.20   |
| b1   | 101      | blackberry   |   10.20   |
| b2   | 104      | berry        |    7.60   |
| b5   | 107      | xxxx         |    3.60   |
| bs1  | 102      | orange       |   11.20   |
| bs2  | 105      | melon        |    8.20   |
| c0   | 101      | cherry       |    3.20   |
| l2   | 104      | lemon        |    6.40   |
| m1   | 106      | mango        |   15.70   |
| m2   | 105      | xbabay       |    2.60   |
| m3   | 105      | xxtt         |   11.60   |
| o2   | 103      | coconut      |    9.20   |
| t1   | 102      | banana       |   10.30   |
| t2   | 102      | grape        |    5.30   |
| t4   | 107      | xbababa      |    3.60   |
+------+----------+--------------+-----------+
```

可以看到，使用星号（*）通配符时将返回所有列，列按照定义表时的顺序显示。

2. 在 SELECT 语句中指定所有字段

下面介绍另一种查询所有字段值的方法。根据前面 SELECT 语句的格式，SELECT 关键字后面的字段名为将要查找的数据，因此可以将表中所有字段的名称跟在 SELECT 子句后面，如果忘记了字段名称，那么可以使用 DESC 命令查看表的结构。有的时候，由于表中的字段可能比较多，不一定能记得所有字段的名称，因此该方法会很不方便，不建议使用。例如，查询 fruits 表中的所有数据，SQL 语句也可以书写如下：

```
SELECT f_id, s_id ,f_name, f_price FROM fruits;
```

查询结果与例 5.1 相同。

5.2.2　查询指定字段

1. 查询单个字段

查询表中的某一个字段，语法格式如下：

```
SELECT 列名 FROM 表名;
```

【例 5.2】查询 fruits 表中 f_name 列所有水果名称，SQL 语句如下：

```
SELECT f_name FROM fruits;
```

该语句使用 SELECT 声明从 fruits 表中获取名称为 f_name 的字段下的所有水果名称，指定字段的名称紧跟在 SELECT 关键字之后，查询结果如下：

```
mysql> SELECT f_name FROM fruits;
+------------+
| f_name     |
+------------+
| apple      |
| apricot    |
| blackberry |
| berry      |
| xxxx       |
| orange     |
| melon      |
| cherry     |
| lemon      |
| mango      |
| xbabay     |
| xxtt       |
| coconut    |
| banana     |
| grape      |
| xbababa    |
+------------+
```

输出结果显示了 fruits 表中 f_name 字段下的所有数据。

2. 查询多个字段

使用 SELECT 声明可以获取多个字段下的数据,只需要在关键字 SELECT 后面指定要查找的字段的名称,不同字段名称之间用英文逗号(,)分隔开,最后一个字段后面不需要加逗号,语法格式如下:

```
SELECT 字段名1,字段名2,…,字段名 n  FROM 表名;
```

【例 5.3】例如,从 fruits 表中获取 f_name 和 f_price 两列,SQL 语句如下:

```
SELECT f_name, f_price FROM fruits;
```

该语句使用 SELECT 声明从 fruits 表中获取名称为 f_name 和 f_price 的两个字段下的所有水果名称和价格,两个字段之间用英文逗号分隔开,查询结果如下:

```
mysql> SELECT f_name, f_price FROM fruits;
+------------+---------+
| f_name     | f_price |
+------------+---------+
| apple      |    5.20 |
| apricot    |    2.20 |
| blackberry |   10.20 |
| berry      |    7.60 |
| xxxx       |    3.60 |
| orange     |   11.20 |
| melon      |    8.20 |
| cherry     |    3.20 |
| lemon      |    6.40 |
| mango      |   15.70 |
| xbabay     |    2.60 |
| xxtt       |   11.60 |
| coconut    |    9.20 |
| banana     |   10.30 |
| grape      |    5.30 |
| xbababa    |    3.60 |
+------------+---------+
```

输出结果显示了 fruits 表中 f_name 和 f_price 两个字段下的所有数据。

提 示
MySQL 中的 SQL 语句是不区分大小写的,因此 SELECT 和 select 的作用是相同的。但是,许多开发人员习惯将关键字使用大写,而数据列和表名使用小写,读者也应该养成一个良好的编程习惯,这样写出来的代码更容易阅读和维护。

5.2.3 查询指定记录

数据库中包含大量的数据，根据特殊要求，可能只需要查询表中的指定数据，即对数据进行过滤。在 SELECT 语句中，通过 WHERE 子句可以对数据进行过滤，语法格式如下：

```
SELECT 字段名1,字段名2,…,字段名 n
FROM 表名
WHERE 查询条件
```

在 WHERE 子句中，MySQL 提供了一系列的条件判断符，如表 5.1 所示。

表 5.1　WHERE 条件判断符

判 断 符	说 明
=	相等
<>、!=	不相等
<	小于
<=	小于或者等于
>	大于
>=	大于或者等于
BETWEEN	位于两值之间

【例 5.4】查询价格为 10.2 元的水果的名称，SQL 语句如下：

```
SELECT f_name, f_price
FROM fruits
WHERE f_price = 10.2;
```

该语句使用 SELECT 声明从 fruits 表中获取价格等于 10.2 元的水果的数据，从查询结果可以看到，价格是 10.2 元的水果的名称是 blackberry，其他的均不满足查询条件，查询结果如下：

```
mysql> SELECT f_name, f_price
    -> FROM fruits
    -> WHERE f_price = 10.2;
+------------+---------+
| f_name     | f_price |
+------------+---------+
| blackberry | 10.20   |
+------------+---------+
```

本例采用了简单的相等过滤，查询一个指定列 f_price 具有值 10.20 的所有行。

相等（=）符号还可以用来比较字符串，如例 5.5 所示。

【例 5.5】查找名称为 "apple" 的水果的价格，SQL 语句如下：

```
SELECT f_name, f_price FROM fruits
WHERE f_name = 'apple';
```

该语句使用 SELECT 声明从 fruits 表中获取名称为 apple 的水果的价格，从查询结果可以看到，只有名称为 apple 的行被返回，其他的行均不满足查询条件。

```
mysql> SELECT f_name, f_price
    -> FROM fruits
    -> WHERE f_name = 'apple';
+--------+---------+
| f_name | f_price |
+--------+---------+
| apple  | 5.20    |
+--------+---------+
```

【例 5.6】查询价格小于 10 元的水果的名称，SQL 语句如下：

```
SELECT f_name, f_price
FROM fruits
WHERE f_price < 10;
```

该语句使用 SELECT 声明从 fruits 表中获取价格低于 10 元的水果名称，即 f_price 小于 10 元的水果信息被返回，查询结果如下：

```
mysql> SELECT f_name, f_price
    -> FROM fruits
    -> WHERE f_price < 10.00;
+---------+---------+
| f_name  | f_price |
+---------+---------+
| apple   |  5.20   |
| apricot |  2.20   |
| berry   |  7.60   |
| xxxx    |  3.60   |
| melon   |  8.20   |
| cherry  |  3.20   |
| lemon   |  6.40   |
| xbabay  |  2.60   |
| coconut |  9.20   |
| grape   |  5.30   |
| xbababa |  3.60   |
+---------+--------+
```

可以看到查询结果中，所有记录的 f_price 字段的值均小于 10.00 元，而大于或等于 10.00 元的记录没有被返回。

5.2.4 带 IN 关键字的查询

IN 操作符用来查询满足指定范围内的条件的记录，使用 IN 操作符，将所有检索条件用括号括起来，检索条件之间用英文逗号（,）分隔开，只要满足条件范围内的一个值即为匹配项。

【例 5.7】s_id 为 101 和 102 的记录，SQL 语句如下：

```
SELECT s_id,f_name, f_price
FROM fruits
WHERE s_id IN (101,102)
ORDER BY f_name;
```

查询结果如下：

```
+------+-----------+---------+
| s_id | f_name    | f_price |
+------+-----------+---------+
| 101  | apple     |    5.20 |
| 102  | banana    |   10.30 |
| 101  | blackberry|   10.20 |
| 101  | cherry    |    3.20 |
| 102  | grape     |    5.30 |
| 102  | orange    |   11.20 |
+------+-----------+---------+
```

相反地的，可以使用关键字 NOT 来检索不在条件范围内的记录。

【例 5.8】查询所有 s_id 既不等于 101 又不等于 102 的记录，SQL 语句如下：

```
SELECT s_id,f_name, f_price
FROM fruits
WHERE s_id NOT IN (101,102)
ORDER BY f_name;
```

查询结果如下：

```
+------+---------+---------+
| s_id | f_name  | f_price |
+------+---------+---------+
| 103  | apricot |    2.20 |
| 104  | berry   |    7.60 |
| 103  | coconut |    9.20 |
| 104  | lemon   |    6.40 |
| 106  | mango   |   15.70 |
| 105  | melon   |    8.20 |
| 107  | xbababa |    3.60 |
| 105  | xbabay  |    2.60 |
| 105  | xxtt    |   11.60 |
| 107  | xxxx    |    3.60 |
+------+---------+---------+
```

可以看到，该语句在 IN 关键字前面加上了 NOT 关键字，这使得查询的结果与前面一个的结果正好相反，前面检索了 s_id 等于 101 和 102 的记录，而这里要求查询记录中的 s_id 字段值不等于这两个值中的任何一个。

5.2.5 带 BETWEEN...AND...的范围查询

BETWEEN...AND...用来查询某个范围内的值，该操作符需要两个参数，即范围的开始值和结束值，如果字段值满足指定的范围查询条件，这些记录就会被返回。

【例 5.9】查询价格在 2.00 元到 10.20 元之间的水果名称和价格，SQL 语句如下：

```
SELECT f_name, f_price FROM fruits WHERE f_price BETWEEN 2.00 AND 10.20;
```

查询结果如下：

```
mysql> SELECT f_name, f_price
    -> FROM fruits
    -> WHERE f_price BETWEEN 2.00 AND 10.20;
+------------+---------+
| f_name     | f_price |
+------------+---------+
| apple      |    5.20 |
| apricot    |    2.20 |
| blackberry |   10.20 |
| berry      |    7.60 |
| xxxx       |    3.60 |
| melon      |    8.20 |
| cherry     |    3.20 |
| lemon      |    6.40 |
| xbabay     |    2.60 |
| coconut    |    9.20 |
| grape      |    5.30 |
| xbababa    |    3.60 |
+------------+---------+
```

可以看到，返回结果包含价格从 2.00 元到 10.20 元之间的字段值，并且端点值 10.20 也包括在返回结果中，即 BETWEEN 匹配范围中的所有值，包括开始值和结束值。

BETWEEN...AND...操作符前可以加关键字 NOT，表示指定范围之外的值，如果字段值不满足指定的范围内的值，这些记录就会被返回。

【例 5.10】查询价格在 2.00 元到 10.20 元之外的水果名称和价格，SQL 语句如下：

```
SELECT f_name, f_price
FROM fruits
WHERE f_price NOT BETWEEN 2.00 AND 10.20;
```

查询结果如下：

```
+---------+---------+
| f_name  | f_price |
+---------+---------+
| orange  |   11.20 |
| mango   |   15.70 |
| xxtt    |   11.60 |
| banana  |   10.30 |
+---------+---------+
```

由结果可以看到，返回的只有 f_price 字段大于 10.20 的记录，其实，f_price 字段小于 2.00 的记录也满足查询条件。因此，如果表中有 f_price 字段小于 2.00 的记录，也应当作为查询结果。

5.2.6　带 LIKE 的字符匹配查询

在前面的检索操作中，讲述了如何查询多个字段的记录、如何进行比较查询或者查询一个条件范围内的记录，如果要查找所有的包含字符 ge 的水果名称，该如何查找呢？简单的比较操作在这里已经行不通了，在这里需要使用通配符进行匹配查找，通过创建查找模式对表中的数据进行比较。执行这个任务的关键字是 LIKE。

通配符是一种在 SQL 的 WHERE 条件子句中拥有特殊意思的字符，SQL 语句中支持多种通配符，可以和 LIKE 一起使用的通配符有"%"和"_"。

1. 百分号通配符"%"，匹配任意长度的字符，甚至包括零字符

【例 5.11】查找所有以 b 字母开头的水果，SQL 语句如下：

```
SELECT f_id, f_name
FROM fruits
WHERE f_name LIKE 'b%';
```

查询结果如下：

```
+------+------------+
| f_id | f_name     |
+------+------------+
| b1   | blackberry |
| b2   | berry      |
| t1   | banana     |
+------+------------+
```

该语句查询的结果返回所有以 b 开头的水果名称的 id 和 name，"%"告诉 MySQL，返回所有以字母 b 开头的记录，无论 b 后面有多少个字符。

在搜索匹配时，通配符"%"可以放在不同位置，如例 5.12 所示。

【例 5.12】在 fruits 表中，查询 f_name 中包含字母 g 的记录，SQL 语句如下：

```
SELECT f_id, f_name
FROM fruits
WHERE f_name LIKE '%g%';
```

查询结果如下：

```
+-------+--------+
| f_id  | f_name |
+-------+--------+
| bs1   | orange |
| m1    | mango  |
| t2    | grape  |
+-------+--------+
```

该语句查询字符串中包含字母 g 的水果名称，只要名字中有字母 g，无论前面或后面有多少个字符，都满足查询条件。

【例 5.13】查询以 b 开头，并以 y 结尾的水果的名称，SQL 语句如下：

```
SELECT f_name
FROM fruits
WHERE f_name LIKE 'b%y';
```

查询结果如下：

```
+------------+
| f_name     |
+------------+
| blackberry |
| berry      |
+------------+
```

通过以上查询结果，可以看到，"%"用于匹配在指定位置的任意数目的字符。

2. 下划线通配符 "_"，一次只能匹配任意一个字符

另一个非常有用的通配符是下划线通配符 "_"，该通配符的用法和 "%" 相同，区别是 "%" 可以匹配多个字符，而 "_" 只能匹配任意单个字符，如果要匹配多个字符，就需要使用相同个数的 "_"。

【例 5.14】在 fruits 表中，查询以字母 y 结尾，且 y 前面只有 4 个字母的记录，SQL 语句如下：

```
SELECT f_id, f_name FROM fruits WHERE f_name LIKE '____y';
```

查询结果如下：

```
+------+--------+
| f_id | f_name |
+------+--------+
| b2   | berry  |
+------+--------+
```

从结果可以看到，以 y 结尾且前面只有 4 个字母的记录只有一条。其他记录的 f_name 字段也有以 y 结尾的，但其总的字符串长度不为 5，因此不在返回结果中。

5.2.7 查询空值

数据表创建的时候，设计者可以指定某列中是否可以包含空值（NULL）。空值不同于 0，也不同于空字符串。空值一般表示数据未知、不适用或将在以后添加数据。在 SELECT 语句中使用 IS NULL 子句可以查询某字段内容为空的记录。

下面在数据库中创建数据表 customers，该表中包含本章后面讲解时需要用到的数据。

```
CREATE TABLE customers
(
 c_id      int      NOT NULL AUTO_INCREMENT,
 c_name    char(50)  NOT NULL,
 c_address char(50)  NULL,
 c_city    char(50)  NULL,
 c_zip     char(10)  NULL,
 c_contact char(50)  NULL,
 c_email   char(255) NULL,
 PRIMARY KEY (c_id)
);
```

为了演示需要插入数据，请读者执行以下语句：

```
INSERT INTO customers(c_id, c_name, c_address, c_city,
c_zip, c_contact, c_email)
VALUES(10001, 'RedHook', '200 Street ', 'Tianjin',
 '300000', 'LiMing', 'LMing@163.com'),
(10002, 'Stars', '333 Fromage Lane',
 'Dalian', '116000', 'Zhangbo','Jerry@hotmail.com'),
(10003, 'Netbhood', '1 Sunny Place', 'Qingdao', '266000',
 'LuoCong', NULL),
(10004, 'JOTO', '829 Riverside Drive', 'Haikou',
 '570000', 'YangShan', 'sam@hotmail.com');
```

【例 5.15】查询 customers 表中 c_email 为空的记录的 c_id、c_name 和 c_email 字段值，SQL 语句如下：

```
SELECT c_id, c_name,c_email FROM customers WHERE c_email IS NULL;
```

查询结果如下：

```
+-------+----------+---------+
| c_id  | c_name   | c_email |
+-------+----------+---------+
| 10003 | Netbhood | NULL    |
+-------+----------+---------+
```

可以看到，结果显示了 customers 表中字段 c_email 的值为 NULL 的记录，满足查询条件。与 IS NULL 相反的是 NOT IS NULL，该关键字查找字段不为空的记录。

【例 5.16】查询 customers 表中 c_email 不为空的记录的 c_id、c_name 和 c_email 字段值，SQL 语句如下：

```
SELECT c_id, c_name,c_email FROM customers WHERE c_email IS NOT NULL;
```

查询结果如下：

```
+-------+----------+-------------------+
| c_id  | c_name   | c_email           |
+-------+----------+-------------------+
| 10001 | RedHook  | LMing@163.com     |
| 10002 | Stars    | Jerry@hotmail.com |
| 10004 | JOTO     | sam@hotmail.com   |
+-------+----------+-------------------+
```

可以看到，查询出来的记录的 c_email 字段都不为空值。

5.2.8　带 AND 的多条件查询

使用 SELECT 查询时，可以增加查询的限制条件，这样可以使查询的结果更加精确。MySQL 在 WHERE 子句中使用 AND 操作符，限定只有满足所有查询条件的记录才会被返回。可以使用 AND 连接两个甚至多个查询条件，多个条件表达式之间用 AND 分开。

【例 5.17】在 fruits 表中查询 s_id = 101，并且 f_price 大于等于 5 的水果价格和名称，SQL 语句如下：

```
SELECT f_id, f_price, f_name FROM fruits WHERE s_id = '101' AND f_price >=5;
```

查询结果如下：

```
+------+---------+------------+
| f_id | f_price | f_name     |
+------+---------+------------+
| a1   |    5.20 | apple      |
| b1   |   10.20 | blackberry |
+------+---------+------------+
```

前面的语句检索了 s_id=101 的水果供应商所有价格大于等于 5 元的水果名称和价格。WHERE 子句中的条件分为两部分，AND 关键字指示 MySQL 返回所有同时满足两个条件的行。即使是 id=101 的水果供应商提供的水果，如果价格小于 5，或者 id 不等于 101 的水果供应商的水果，无论其价格为多少，均不是要查询的结果。

> **提 示**
>
> 上述例子的 WHERE 子句中只包含一个 AND 语句，把两个过滤条件组合在一起。实际上可以添加多个 AND 过滤条件，增加条件的同时增加一个 AND 关键字。

【例 5.18】在 fruits 表中查询 s_id=101 或者 102，且 f_price 大于 5，并且 f_name='apple' 的水果价格和名称，SQL 语句如下：

```sql
SELECT f_id, f_price, f_name FROM fruits
WHERE s_id IN('101', '102') AND f_price >= 5 AND f_name = 'apple';
```

查询结果如下：

```
+------+---------+--------+
| f_id | f_price | f_name |
+------+---------+--------+
| a1   |    5.20 | apple  |
+------+---------+--------+
```

可以看到，符合查询条件的返回记录只有一条。

5.2.9　带 OR 的多条件查询

与 AND 相反，在 WHERE 声明中使用 OR 操作符，表示只需要满足其中一个条件的记录即可返回。OR 也可以连接两个甚至多个查询条件，多个条件表达式之间用 OR 分开。

【例 5.19】查询 s_id=101 或者 s_id=102 的水果供应商的 f_price 和 f_name，SQL 语句如下：

```sql
SELECT s_id,f_name, f_price FROM fruits WHERE s_id = 101 OR s_id = 102;
```

查询结果如下：

```
+------+------------+---------+
| s_id | f_name     | f_price |
+------+------------+---------+
| 101  | apple      |    5.20 |
| 101  | blackberry |   10.20 |
| 102  | orange     |   11.20 |
| 101  | cherry     |    3.20 |
| 102  | banana     |   10.30 |
| 102  | grape      |    5.30 |
+------+------------+---------+
```

结果显示了 s_id=101 和 s_id=102 的商店里的水果名称和价格。OR 操作符告诉 MySQL，检索的时候只需要满足其中一个条件，不需要全部都满足。如果这里使用 AND 的话，就检索不到符合条件的数据了。

在这里，也可以使用 IN 操作符实现与 OR 相同的功能，我们使用下面的例子进行说明。

【例 5.20】查询 s_id=101 或者 s_id=102 的水果供应商的 f_price 和 f_name，SQL 语句如下：

```
SELECT s_id,f_name, f_price FROM fruits WHERE s_id IN(101,102);
```

查询结果如下：

```
+------+------------+---------+
| s_id | f_name     | f_price |
+------+------------+---------+
| 101  | apple      |   5.20  |
| 101  | blackberry |  10.20  |
| 102  | orange     |  11.20  |
| 101  | cherry     |   3.20  |
| 102  | banana     |  10.30  |
| 102  | grape      |   5.30  |
+------+------------+---------+
```

在这里可以看到，OR 操作符和 IN 操作符使用后的结果是一样的，它们可以实现相同的功能。但是，使用 IN 操作符使得检索语句更加简洁明了，并且使用 IN 的语句执行的速度要快于使用 OR 的语句。更重要的是，使用 IN 操作符可以执行更加复杂的嵌套查询（后面章节将会讲述）。

> **提 示**
>
> OR 可以和 AND 一起使用，但是在使用时要注意两者的优先级，由于 AND 的优先级高于 OR，因此先对 AND 两边的操作数进行操作，再与 OR 中的操作数结合。

5.2.10　查询结果不重复

从前面的例子可以看到，SELECT 查询返回所有匹配的行。例如，查询 fruits 表中所有的 s_id，其结果为：

```
+------+
| s_id |
+------+
| 101  |
| 103  |
| 101  |
| 104  |
| 107  |
| 102  |
```

```
| 105 |
| 101 |
| 104 |
| 106 |
| 105 |
| 105 |
| 103 |
| 102 |
| 102 |
| 107 |
+------+
```

可以看到，查询结果返回了 16 条记录，其中有一些重复的 s_id 值。有时，出于对数据分析的要求，需要消除重复的记录值，如何使查询结果没有重复呢？在 SELECT 语句中，可以使用 DISTINCT 关键字指示 MySQL 消除重复的记录值。语法格式如下：

```
SELECT DISTINCT 字段名 FROM 表名;
```

【例 5.21】查询 fruits 表中 s_id 字段的值，返回 s_id 字段的值且不得重复，SQL 语句如下：

```
SELECT DISTINCT s_id FROM fruits;
```

查询结果如下：

```
+------+
| s_id |
+------+
| 101 |
| 103 |
| 104 |
| 107 |
| 102 |
| 105 |
| 106 |
+------+
```

可以看到，这次查询结果只返回了 7 条记录的 s_id 值，且不再有重复的值，SELECT DISTINCT s_id 告诉 MySQL 只返回不同的 s_id 行。

5.2.11　对查询结果进行排序

从前面的查询结果，读者会发现有些字段的值是没有任何顺序的，MySQL 可以通过在 SELECT 语句中使用 ORDER BY 子句对查询的结果进行排序。

1. 单列排序

例如查询 f_name 字段，查询结果如下：

```
mysql> SELECT f_name FROM fruits;
+------------+
| f_name     |
+------------+
| apple      |
| apricot    |
| blackberry |
| berry      |
| xxxx       |
| orange     |
| melon      |
| cherry     |
| lemon      |
| mango      |
| xbabay     |
| xxtt       |
| coconut    |
| banana     |
| grape      |
| xbababa    |
+------------+
```

可以看到，查询的数据并没有以一种特定的顺序显示，如果没有对它们进行排序，将根据它们插入数据表中的顺序来显示。

下面使用 ORDER BY 子句对指定的列数据进行排序。

【例 5.22】查询 fruits 表的 f_name 字段值，并对其进行排序，SQL 语句如下：

```
mysql> SELECT f_name FROM fruits ORDER BY f_name;
+------------+
| f_name     |
+------------+
| apple      |
| apricot    |
| banana     |
| berry      |
| blackberry |
| cherry     |
| coconut    |
| grape      |
| lemon      |
| mango      |
| melon      |
| orange     |
| xbababa    |
| xbabay     |
```

```
| xxtt        |
| xxxx        |
+------------+
```

该语句查询的结果和前面的语句相同，不同的是，通过指定 ORDER BY 子句，MySQL 对查询的 name 列的数据按字母表的顺序进行了升序排序。

2. 多列排序

有时需要根据多列值进行排序。比如，如果要显示一个学生列表，可能会有多个学生的姓氏是相同的，因此还需要根据学生的名进行排序。对多列数据进行排序要将需要排序的列之间用英文逗号隔开。

【例 5.23】查询 fruits 表中的 f_name 和 f_price 字段，先按 f_name 排序，再按 f_price 排序，SQL 语句如下：

```
SELECT f_name, f_price FROM fruits ORDER BY f_name, f_price;
```

查询结果如下：

```
+------------+---------+
| f_name     | f_price |
+------------+---------+
| apple      |    5.20 |
| apricot    |    2.20 |
| banana     |   10.30 |
| berry      |    7.60 |
| blackberry |   10.20 |
| cherry     |    3.20 |
| coconut    |    9.20 |
| grape      |    5.30 |
| lemon      |    6.40 |
| mango      |   15.70 |
| melon      |    8.20 |
| orange     |   11.20 |
| xbababa    |    3.60 |
| xbabay     |    2.60 |
| xxtt       |   11.60 |
| xxxx       |    3.60 |
+------------+---------+
```

> **提 示**
>
> 在对多列进行排序的时候，首先排序的第一列必须有相同的列值，才会对第二列进行排序。如果第一列数据中所有值都是唯一的，将不再对第二列进行排序。

3. 指定排序方向

默认情况下，查询数据按字母升序进行排序（A~Z），但数据的排序并不仅限于此，还可以使用 ORDER BY 对查询结果进行降序排序（Z~A），这可以通过关键字 DESC 实现。下面的例子表明了如何进行降序排列。

【例 5.24】查询 fruits 表中的 f_name 和 f_price 字段，对结果按 f_price 降序方式排序，SQL 语句如下：

```
SELECT f_name, f_price FROM fruits ORDER BY f_price DESC;
```

查询结果如下：

```
+------------+---------+
| f_name     | f_price |
+------------+---------+
| mango      |   15.70 |
| xxtt       |   11.60 |
| orange     |   11.20 |
| banana     |   10.30 |
| blackberry |   10.20 |
| coconut    |    9.20 |
| melon      |    8.20 |
| berry      |    7.60 |
| lemon      |    6.40 |
| grape      |    5.30 |
| apple      |    5.20 |
| xxxx       |    3.60 |
| xbababa    |    3.60 |
| cherry     |    3.20 |
| xbabay     |    2.60 |
| apricot    |    2.20 |
+------------+---------+
```

> **提 示**
>
> 与 DESC 相反的是 ASC（升序排序），将字段列中的数据按字母表顺序升序排序。实际上，在排序的时候，ASC 是作为默认的排序方式的，所以加不加都可以。

也可以对多列进行不同的顺序排序，如例 5.25 所示。

【例 5.25】查询 fruits 表，先按 f_price 降序排序，再按 f_name 升序排序，SQL 语句如下：

```
SELECT f_price, f_name FROM fruits ORDER BY f_price DESC, f_name;
```

查询结果如下：

```
+---------+------------+
| f_price | f_name     |
```

```
+---------+------------+
|  15.70  | mango      |
|  11.60  | xxtt       |
|  11.20  | orange     |
|  10.30  | banana     |
|  10.20  | blackberry |
|   9.20  | coconut    |
|   8.20  | melon      |
|   7.60  | berry      |
|   6.40  | lemon      |
|   5.30  | grape      |
|   5.20  | apple      |
|   3.60  | xbababa    |
|   3.60  | xxxx       |
|   3.20  | cherry     |
|   2.60  | xbabay     |
|   2.20  | apricot    |
+---------+------------+
```

DESC 排序方式只应用到直接位于其前面的字段上，由结果可以看出。

提 示
DESC 关键字只对其前面的列进行降序排序，在这里只对 f_price 排序，而并没有对 f_name 进行排序，因此，f_price 按降序排序，而 f_name 列仍按升序排序。如果要对多列进行降序排序，就必须在每一列的列名后面加 DESC 关键字。

5.2.12　分组查询

分组查询是对数据按照某个或多个字段进行分组，MySQL 中使用 GROUP BY 关键字对数据进行分组，基本语法形式如下：

```
[GROUP BY 字段] [HAVING <条件表达式>]
```

字段值为进行分组时所依据的列名称，"HAVING <条件表达式>"指定满足表达式限定条件的结果将被显示。

1. 创建分组

GROUP BY 关键字通常和集合函数一起使用，例如 MAX()、MIN()、COUNT()、SUM()、AVG()。例如，要返回每个水果供应商提供的水果种类，这时就要在分组过程中用到 COUNT()函数，把数据分为多个逻辑组，并对每个组进行集合计算。

【例 5.26】根据 s_id 对 fruits 表中的数据进行分组，SQL 语句如下：

```
SELECT s_id, COUNT(*) AS Total FROM fruits GROUP BY s_id;
```

查询结果如下：

```
+------+-------+
| s_id | Total |
+------+-------+
| 101  |   3   |
| 103  |   2   |
| 104  |   2   |
| 107  |   2   |
| 102  |   3   |
| 105  |   3   |
| 106  |   1   |
+------+-------+
```

查询结果显示，s_id 表示供应商的 ID，Total 字段使用 COUNT()函数计算得出，GROUP BY 子句按照 s_id 排序并对数据进行分组，可以看到 ID 为 101、102、105 的供应商分别提供 3 种水果，ID 为 103、104、107 的供应商分别提供两种水果，ID 为 106 的供应商只提供 1 种水果。

如果要查看每个供应商提供的水果的种类的名称，该怎么办呢？在 MySQL 中，可以在 GROUP BY 字节中使用 GROUP_CONCAT()函数将每个分组中各个字段的值显示出来。

【例 5.27】根据 s_id 对 fruits 表中的数据进行分组，将每个供应商的水果名称显示出来，SQL 语句如下：

```
SELECT s_id, GROUP_CONCAT(f_name) AS Names FROM fruits GROUP BY s_id;
```

查询结果如下：

```
+------+------------------------+
| s_id | Names                  |
+------+------------------------+
| 101  | apple,blackberry,cherry |
| 102  | orange,banana,grape    |
| 103  | apricot,coconut        |
| 104  | berry,lemon            |
| 105  | melon,xbabay,xxtt      |
| 106  | mango                  |
| 107  | xxxx,xbababa           |
+------+------------------------+
```

由结果可以看到，GROUP_CONCAT()函数将每个分组中的名称显示出来了，其名称的个数与 COUNT()函数计算出来的相同。

2. 使用 HAVING 过滤分组

GROUP BY 可以和 HAVING 一起限定显示记录所需满足的条件，只有满足条件的分组才会被显示。

【例 5.28】根据 s_id 对 fruits 表中的数据进行分组，并显示水果种类大于 1 的分组信息，SQL 语句如下：

```
SELECT s_id, GROUP_CONCAT(f_name) AS Names
FROM fruits
GROUP BY s_id HAVING COUNT(f_name) > 1;
```

查询结果如下：

```
+------+-------------------------+
| s_id | Names                   |
+------+-------------------------+
|  101 | apple,blackberry,cherry |
|  102 | orange,banana,grape     |
|  103 | apricot,coconut         |
|  104 | berry,lemon             |
|  105 | melon,xbabay,xxtt       |
|  107 | xxxx,xbababa            |
+------+-------------------------+
```

由结果可以看到，ID 为 101、102、103、104、105、107 的供应商提供的水果种类大于 1，满足 HAVING 子句条件，因此出现在返回结果中；而 ID 为 106 的供应商的水果种类等于 1，不满足限定条件，因此不在返回结果中。

提　示
HAVING 关键字与 WHERE 关键字都是用来过滤数据的，两者有什么区别呢？其中重要的一点是，HAVING 在数据分组之后进行过滤来选择分组，而 WHERE 在分组之前用来选择记录。另外，WHERE 排除的记录不再包括在分组中。

3. 在 GROUP BY 子句中使用 WITH ROLLUP

使用 WITH ROLLUP 关键字之后，在所有查询出的分组记录之后增加一条记录，该记录计算查询出的所有记录的总和，即统计记录数量。

【例 5.29】根据 s_id 对 fruits 表中的数据进行分组，并显示记录数量，SQL 语句如下：

```
SELECT s_id, COUNT(*) AS Total
FROM fruits
GROUP BY s_id WITH ROLLUP;
```

查询结果如下：

```
+------+-------+
| s_id | Total |
+------+-------+
```

```
| 101 |     3 |
| 102 |     3 |
| 103 |     2 |
| 104 |     2 |
| 105 |     3 |
| 106 |     1 |
| 107 |     2 |
| NULL |   16 |
+------+-------+
```

由结果可以看到，通过 GROUP BY 分组之后，在显示结果的最后面新添加了一行，该行 Total 列的值正好是上面所有数值之和。

4. 多字段分组

使用 GROUP BY 可以对多个字段进行分组，GROUP BY 关键字后面跟需要分组的字段，MySQL 根据多字段的值来进行层次分组，分组层次从左到右，即先按第 1 个字段分组，然后在第 1 个字段值相同的记录中，再根据第 2 个字段的值进行分组，以此类推。

【例 5.30】根据 s_id 和 f_name 字段对 fruits 表中的数据进行分组，　SQL 语句如下：

```
mysql> SELECT * FROM fruits group by s_id,f_name;
```

查询结果如下：

```
+------+------+------------+---------+
| f_id | s_id | f_name     | f_price |
+------+------+------------+---------+
| a1   | 101  | apple      |    5.20 |
| a2   | 103  | apricot    |    2.20 |
| b1   | 101  | blackberry |   10.20 |
| b2   | 104  | berry      |    7.60 |
| b5   | 107  | xxxx       |    3.60 |
| bs1  | 102  | orange     |   11.20 |
| bs2  | 105  | melon      |    8.20 |
| c0   | 101  | cherry     |    3.20 |
| l2   | 104  | lemon      |    6.40 |
| m1   | 106  | mango      |   15.70 |
| m2   | 105  | xbabay     |    2.60 |
| m3   | 105  | xxtt       |   11.60 |
| o2   | 103  | coconut    |    9.20 |
| t1   | 102  | banana     |   10.30 |
| t2   | 102  | grape      |    5.30 |
| t4   | 107  | xbababa    |    3.60 |
+------+------+------------+---------+
```

由结果可以看到，查询记录先按照 s_id 进行分组，再对 f_name 字段按不同的取值进行分组。

5. GROUP BY 和 ORDER BY 一起使用

某些情况下需要对分组进行排序，在前面的介绍中，ORDER BY 用来对查询的记录排序，如果和 GROUP BY 一起使用，就可以完成对分组的排序。

为了演示效果，首先创建数据表 orderitems，SQL 语句如下：

```
CREATE TABLE orderitems
(
  o_num       int          NOT NULL,
  o_item      int          NOT NULL,
  f_id        char(10)     NOT NULL,
  quantity    int          NOT NULL,
  item_price decimal(8,2)  NOT NULL,
  PRIMARY KEY (o_num,o_item)
) ;
```

然后插入演示数据，SQL 语句如下：

```
INSERT INTO orderitems(o_num, o_item, f_id, quantity, item_price)
VALUES(30001, 1, 'a1', 10, 5.2),
(30001, 2, 'b2', 3, 7.6),
(30001, 3, 'bs1', 5, 11.2),
(30001, 4, 'bs2', 15, 9.2),
(30002, 1, 'b3', 2, 20.0),
(30003, 1, 'c0', 100, 10),
(30004, 1, 'o2', 50, 2.50),
(30005, 1, 'c0', 5, 10),
(30005, 2, 'b1', 10, 8.99),
(30005, 3, 'a2', 10, 2.2),
(30005, 4, 'm1', 5, 14.99);
```

【例 5.31】查询订单价格大于 100 的订单号和总订单价格，SQL 语句如下：

```
SELECT o_num,  SUM(quantity * item_price) AS orderTotal
FROM orderitems
GROUP BY o_num
HAVING SUM(quantity*item_price) >= 100;
```

查询结果如下：

```
+-------+------------+
| o_num | orderTotal |
+-------+------------+
| 30001 |     268.80 |
| 30003 |    1000.00 |
```

```
| 30004 |    125.00 |
| 30005 |    236.85 |
+-------+-----------+
```

可以看到，返回的结果中 orderTotal 列的总订单价格并没有按照一定顺序来显示。接下来，使用 ORDER BY 关键字按总订单价格排序来显示结果，SQL 语句如下：

```
SELECT o_num, SUM(quantity * item_price) AS orderTotal
FROM orderitems
GROUP BY o_num
HAVING SUM(quantity*item_price) >= 100
ORDER BY orderTotal;
```

查询结果如下：

```
+-------+-----------+
| o_num | orderTotal |
+-------+-----------+
| 30004 |    125.00 |
| 30005 |    236.85 |
| 30001 |    268.80 |
| 30003 |   1000.00 |
+-------+-----------+
```

由结果可以看到，GROUP BY 子句按订单号对数据进行分组，SUM()函数便可以返回总的订单价格，HAVING 子句对分组数据进行过滤，使得只返回总价格大于 100 的订单，最后使用 ORDER BY 子句排序输出结果。

提 示

当使用 ROLLUP 时，不能同时使用 ORDER BY 子句进行结果排序，即 ROLLUP 和 ORDER BY 是互相排斥的。

5.2.13　使用 LIMIT 限制查询结果的数量

SELECT 返回所有匹配的行，有可能是表中所有的行，如果仅仅需要返回第一行或者前几行，可以使用 LIMIT 关键字，基本语法格式如下：

```
LIMIT [位置偏移量,] 行数
```

第一个"位置偏移量"参数指示 MySQL 从哪一行开始显示，是一个可选参数，如果不指定"位置偏移量"，就会从表中的第一条记录开始（第一条记录的位置偏移量是 0，第二条记录的位置偏移量是 1，以此类推）；第二个参数"行数"指示返回的记录条数。

【例 5.32】显示 fruits 表查询结果的前 4 行，SQL 语句如下：

```
SELECT * From fruits LIMIT 4;
```

查询结果如下：

```
+------+------+-----------+---------+
| f_id | s_id | f_name    | f_price |
+------+------+-----------+---------+
| a1   | 101  | apple     |   5.20  |
| a2   | 103  | apricot   |   2.20  |
| b1   | 101  | blackberry|  10.20  |
| b2   | 104  | berry     |   7.60  |
+------+------+-----------+---------+
```

由结果可以看到，该语句没有指定返回记录的"位置偏移量"参数，显示结果从第一行开始，"行数"参数为 4，因此返回的结果为表中的前 4 行记录。

如果指定返回记录的开始位置，那么返回结果为从"位置偏移量"参数开始的指定行数，"行数"参数指定返回的记录条数。

【例 5.33】在 fruits 表中，使用 LIMIT 子句返回从第 5 个记录开始之后 3 条记录，SQL 语句如下：

```
SELECT * From fruits LIMIT 4, 3;
```

查询结果如下：

```
+------+------+--------+---------+
| f_id | s_id | f_name | f_price |
+------+------+--------+---------+
| b5   | 107  | xxxx   |   3.60  |
| bs1  | 102  | orange |  11.20  |
| bs2  | 105  | melon  |   8.20  |
+------+------+--------+---------+
```

由结果可以看到，该语句指示 MySQL 返回从第 5 条记录行开始之后的 3 条记录。第一个数字 4 表示从第 5 行开始（位置偏移量从 0 开始，第 5 行的位置偏移量为 4），第二个数字 3 表示返回的行数。

所以，带一个参数的 LIMIT 指定从查询结果的首行开始，唯一的参数表示返回的行数，即"LIMIT n"与"LIMIT 0,n"等价。带两个参数的 LIMIT 可以返回从任何一个位置开始的指定的行数。

返回第一行时，位置偏移量是 0。因此，"LIMIT 1, 1"将返回第二行，而不是第一行。

提　示
MySQL 8.0 中可以使用"LIMIT 4 OFFSET 3"，意思是获取从第 5 条记录开始后面的 3 条记录，和"LIMIT 4,3;"返回的结果相同。

5.3 使用集合函数查询

有时并不需要返回实际表中的数据，而只是对数据进行总结。MySQL 提供一些查询功能，可以对获取的数据进行分析和报告。这些函数的功能有：计算数据表中记录行数的总数，计算某个字段列下数据的总和，以及计算表中某个字段下的最大值、最小值或者平均值。本节将介绍这些函数以及如何使用它们。这些聚合函数的名称和作用如表 5.2 所示。

表 5.2　MySQL 聚合函数

函　数	作　用
AVG()	返回某列的平均值
COUNT()	返回某列的行数
MAX()	返回某列的最大值
MIN()	返回某列的最小值
SUM()	返回某列值的和

接下来，将详细介绍各个函数的使用方法。

5.3.1　COUNT()函数

COUNT()函数统计数据表中包含的记录行的总数，或者根据查询结果返回列中包含的数据行数。其使用方法有两种：

- COUNT(*): 计算表中总的行数，无论某列有数值或者为空值。
- COUNT(字段名): 计算指定列下总的行数，计算时将忽略空值的行。

【例 5.34】查询 customers 表中总的行数，SQL 语句如下：

```
mysql> SELECT COUNT(*) AS cust_num FROM customers;
+----------+
| cust_num |
+----------+
|     4    |
+----------+
```

由查询结果可以看到，COUNT(*)返回 customers 表中记录的总行数，无论其值是什么。返回的总数的名称为 cust_num。

【例 5.35】查询 customers 表中有电子邮箱的顾客的总数，SQL 语句如下：

```
mysql> SELECT COUNT(c_email) AS email_num  FROM customers;
+-----------+
| email_num |
+-----------+
```

```
|         3 |
+-----------+
```

由查询结果可以看到，表中 5 个 customer 只有 3 个有 email，customer 的 email 为空值（NULL）的记录没有被 COUNT()函数计算。

提 示
两个例子中不同的数值说明了两种方式在计算总数的时候对待 NULL 值的方式不同，即指定列的值为空的行被 COUNT()函数忽略，但是如果不指定列，而在 COUNT() 函数中使用星号"*"，那么所有记录都不忽略。

前面介绍分组查询的时候介绍了 COUNT()函数与 GROUP BY 关键字一起使用，用来计算不同分组中的记录总数。

【例 5.36】在 orderitems 表中，使用 COUNT()函数统计不同订单号中订购的水果种类，SQL 语句如下：

```
mysql> SELECT o_num, COUNT(f_id) FROM orderitems GROUP BY o_num;
+-------+-------------+
| o_num | COUNT(f_id) |
+-------+-------------+
| 30001 |           4 |
| 30002 |           1 |
| 30003 |           1 |
| 30004 |           1 |
| 30005 |           4 |
+-------+-------------+
```

由查询结果可以看到，GROUP BY 关键字先按照订单号进行分组，然后计算每个分组中的总记录数。

5.3.2 SUM()函数

SUM()是一个求总和的函数，返回指定列值的总和。

【例 5.37】在 orderitems 表中查询 30005 号订单一共购买的水果总量，SQL 语句如下：

```
mysql>SELECT SUM(quantity) AS items_total FROM orderitems WHERE o_num =
30005;
+-------------+
| items_total |
+-------------+
|          30 |
+-------------+
```

由查询结果可以看到，SUM(quantity)函数返回订单中所有水果数量之和，WHERE 子句指定查询的订单号为 30005。

SUM()可以与 GROUP BY 一起使用，用于计算每个分组的总和。

【例 5.38】在 orderitems 表中，使用 SUM()函数统计不同订单号中订购的水果总量，SQL 语句如下：

```
mysql> SELECT o_num, SUM(quantity) AS items_total
    -> FROM orderitems
    -> GROUP BY o_num;
+-------+-------------+
| o_num | items_total |
+-------+-------------+
| 30001 |          33 |
| 30002 |           2 |
| 30003 |         100 |
| 30004 |          50 |
| 30005 |          30 |
+-------+-------------+
```

由查询结果可以看到，GROUP BY 按照订单号 o_num 进行分组，SUM()函数计算每个分组中订购的水果的总量。

提　示
SUM()函数在计算时，忽略列值为 NULL 的行。

5.3.3　AVG()函数

AVG()函数通过计算返回的行数和每一行数据的和，求得指定列数据的平均值。

【例 5.39】在 fruits 表中，查询 s_id=103 的供应商的水果价格的平均值，SQL 语句如下：

```
mysql> SELECT AVG(f_price) AS avg_price FROM fruits WHERE s_id = 103;
+-----------+
| avg_price |
+-----------+
|  5.700000 |
+-----------+
```

该例中，查询语句增加了一个 WHERE 子句，并且添加了查询过滤条件，只查询 s_id=103 的记录中的 f_price。因此，通过 AVG()函数计算的结果只是指定的供应商水果价格的平均值，而不是市场上所有水果价格的平均值。

AVG()可以与 GROUP BY 一起使用，用于计算每个分组的平均值。

【例 5.40】在 fruits 表中，查询每一个供应商的水果价格的平均值，SQL 语句如下：

```
mysql> SELECT s_id,AVG(f_price) AS avg_price FROM fruits GROUP BY s_id;
+------+-----------+
| s_id | avg_price |
+------+-----------+
|  101 |  6.200000 |
|  103 |  5.700000 |
|  104 |  7.000000 |
|  107 |  3.600000 |
|  102 |  8.933333 |
|  105 |  7.466667 |
|  106 | 15.700000 |
+------+-----------+
```

GROUP BY 关键字根据 s_id 字段对记录进行分组，然后计算出每个分组的平均值，这种分组求平均值的方法非常有用，例如求不同班级学生成绩的平均值、求不同部门工人的平均工资、求各地的年平均气温等。

提　示
AVG()函数使用时，其参数为要计算的列名称，如果要得到多个列的多个平均值，就需要在每一列上使用 AVG()函数。

5.3.4　MAX()函数

MAX()函数返回指定列中的最大值。

【例 5.41】在 fruits 表中查找市场上价格最高的水果值，SQL 语句如下：

```
mysql>SELECT MAX(f_price) AS max_price FROM fruits;
+-----------+
| max_price |
+-----------+
|   15.70   |
+-----------+
```

由结果可以看到，MAX()函数查询出了 f_price 字段的最大值 15.70。

MAX()也可以和 GROUP BY 关键字一起使用，求每个分组中的最大值。

【例 5.42】在 fruits 表中查找不同供应商提供的价格最高的水果值，SQL 语句如下：

```
mysql> SELECT s_id, MAX(f_price) AS max_price
    -> FROM fruits GROUP BY s_id;
+------+-----------+
| s_id | max_price |
+------+-----------+
```

```
| 101 |    10.20 |
| 103 |     9.20 |
| 104 |     7.60 |
| 107 |     3.60 |
| 102 |    11.20 |
| 105 |    11.60 |
| 106 |    15.70 |
+------+----------+
```

由结果可以看到，GROUP BY 关键字根据 s_id 字段对记录进行分组，然后计算出每个分组中的最大值。

MAX()函数不仅适用于查找数值类型，也可应用于字符类型。

【例 5.43】在 fruits 表中查找 f_name 的最大值，SQL 语句如下：

```
mysql> SELECT MAX(f_name) FROM fruits;
+------------+
| MAX(f_name) |
+------------+
| xxxx       |
+------------+
```

由结果可以看到，MAX()函数可以对字母进行大小判断，并返回最大的字符或者字符串值。

> **提　示**
>
> 　　MAX()函数除了用来找出最大的列值或日期值之外，还可以返回任意列中的最大值，包括返回字符类型的最大值。在对字符类型数据进行比较时，按照字符的 ASCII 码值大小进行比较，从 a~z，a 的 ASCII 码最小，z 的 ASCII 码最大。在比较时，先比较第一个字符，如果相等，继续比较下一个字符，一直到两个字符不相等或者字符结束为止。例如，"b" 与 "t" 比较时，"t" 为最大值；"bcd" 与 "bca" 比较时，"bcd" 为最大值。

5.3.5　MIN()函数

MIN()函数返回查询列中的最小值。

【例 5.44】在 fruits 表中查找市场上价格最低的水果价格，SQL 语句如下：

```
mysql>SELECT MIN(f_price) AS min_price FROM fruits;
+-----------+
| min_price |
+-----------+
|   2.20    |
+-----------+
```

由结果可以看到，MIN ()函数查询出了 f_price 字段的最小值 2.20。

MIN()也可以和 GROUP BY 关键字一起使用，求出每个分组中的最小值。

【例 5.45】在 fruits 表中查找不同供应商提供的价格最低的水果价格，SQL 语句如下：

```
mysql> SELECT s_id, MIN(f_price) AS min_price
    -> FROM fruits GROUP BY s_id;
+------+-----------+
| s_id | min_price |
+------+-----------+
| 101  |      3.20 |
| 103  |      2.20 |
| 104  |      6.40 |
| 107  |      3.60 |
| 102  |      5.30 |
| 105  |      2.60 |
| 106  |     15.70 |
+------+-----------+
```

由结果可以看到，GROUP BY 关键字根据 s_id 字段对记录进行分组，然后计算出每个分组中的最小值。

MIN()函数与 MAX()函数类似，不仅适用于查找数值类型，也可应用于字符类型。

5.4 连接查询

连接是关系数据库模型的主要特点。连接查询是关系数据库中主要的查询，主要包括内连接、外连接等。通过连接运算符可以实现多个表查询。在关系数据库管理系统中，表建立时各数据之间的关系不必确定，常把一个实体的所有信息存放在一个表中。当查询数据时，通过连接操作查询出存放在多个表中的不同实体的信息。当两个或多个表中存在相同意义的字段时，便可以通过这些字段对不同的表进行连接查询。

本节将介绍多表之间的内连接查询、外连接查询以及复合条件连接查询。

5.4.1 内连接查询

内连接（INNER JOIN）使用比较运算符进行表间某（些）列数据的比较操作，并列出这些表中与连接条件相匹配的数据行，组合成新的记录，也就是说，在内连接查询中，只有满足条件的记录才能出现在结果关系中。

为了演示的需要，首先创建数据表 suppliers，SQL 语句如下：

```
CREATE TABLE suppliers
(
```

```
 s_id      int       NOT NULL AUTO_INCREMENT,
 s_name    char(50) NOT NULL,
 s_city    char(50) NULL,
 s_zip     char(10) NULL,
 s_call    CHAR(50) NOT NULL,
 PRIMARY KEY (s_id)
) ;
```

插入需要演示的数据，SQL 语句如下：

```
INSERT INTO suppliers(s_id, s_name,s_city, s_zip, s_call)
VALUES(101,'FastFruit Inc.','Tianjin','300000','48075'),
(102,'LT Supplies','Chongqing','400000','44333'),
(103,'ACME','Shanghai','200000','90046'),
(104,'FNK Inc.','Zhongshan','528437','11111'),
(105,'Good Set','Taiyuang','030000', '22222'),
(106,'Just Eat Ours','Beijing','010', '45678'),
(107,'DK Inc.','Zhengzhou','450000', '33332');
```

【例 5.46】在 fruits 表和 suppliers 表之间使用内连接查询。

查询之前，查看两个表的结构：

```
mysql> DESC fruits;
+---------+-------------+------+-----+---------+-------+
| Field   | Type        | Null | Key | Default | Extra |
+---------+-------------+------+-----+---------+-------+
| f_id    | char(10)    | NO   | PRI | NULL    |       |
| s_id    | int(11)     | NO   |     | NULL    |       |
| f_name  | char(255)   | NO   |     | NULL    |       |
| f_price | decimal(8,2)| NO   |     | NULL    |       |
+---------+-------------+------+-----+---------+-------+

mysql> DESC suppliers;
+--------+----------+------+-----+--------+----------------+
| Field  | Type     | Null | Key | Default| Extra          |
+--------+----------+------+-----+--------+----------------+
| s_id   | int(11)  | NO   | PRI | NULL   | auto_increment |
| s_name | char(50) | NO   |     | NULL   |                |
| s_city | char(50) | YES  |     | NULL   |                |
| s_zip  | char(10) | YES  |     | NULL   |                |
| s_call | char(50) | NO   |     | NULL   |                |
+--------+----------+------+-----+--------+----------------+
```

由结果可以看到，fruits 表和 suppliers 表中有相同数据类型的字段 s_id，两个表通过 s_id 字段建立联系。接下来，从 fruits 表中查询 f_name 和 f_price 字段，从 suppliers 表中查询 s_id 和 s_name 字段，SQL 语句如下：

```
mysql> SELECT suppliers.s_id, s_name,f_name, f_price
    -> FROM fruits ,suppliers WHERE fruits.s_id = suppliers.s_id;
+------+----------------+------------+---------+
| s_id | s_name         | f_name     | f_price |
+------+----------------+------------+---------+
| 101  | FastFruit Inc. | apple      |    5.20 |
| 103  | ACME           | apricot    |    2.20 |
| 101  | FastFruit Inc. | blackberry |   10.20 |
| 104  | FNK Inc.       | berry      |    7.60 |
| 107  | DK Inc.        | xxxx       |    3.60 |
| 102  | LT Supplies    | orange     |   11.20 |
| 105  | Good Set       | melon      |    8.20 |
| 101  | FastFruit Inc. | cherry     |    3.20 |
| 104  | FNK Inc.       | lemon      |    6.40 |
| 106  | Just Eat Ours  | mango      |   15.70 |
| 105  | Good Set       | xbabay     |    2.60 |
| 105  | Good Set       | xxtt       |   11.60 |
| 103  | ACME           | coconut    |    9.20 |
| 102  | LT Supplies    | banana     |   10.30 |
| 102  | LT Supplies    | grape      |    5.30 |
| 107  | DK Inc.        | xbababa    |    3.60 |
+------+----------------+------------+---------+
```

在这里，SELECT 语句与前面所介绍的一个最大的差别是：SELECT 后面指定的列分别属于两个不同的表，f_name、f_price 字段在表 fruits 中，而另外两个字段在表 supplies 中；同时 FROM 字句列出了两个表 fruits 和 suppliers。WHERE 子句在这里作为过滤条件，指明只有两个表中的 s_id 字段值相等的时候才符合连接查询的条件。由返回的结果可以看到，显示的记录是由两个表中的不同列值组成的新记录。

提　示
由于 fruits 表和 suppliers 表中有相同的字段 s_id，因此在比较的时候，需要完全限定表名（格式为"表名.列名"），如果只给出 s_id，MySQL 就不知道指的是哪一个，并返回错误信息。

下面的内连接查询语句返回与前面完全相同的结果。

【例 5.47】在 fruits 表和 suppliers 表之间，使用 INNER JOIN 语法进行内连接查询，SQL 语句如下：

```
mysql> SELECT suppliers.s_id, s_name,f_name, f_price
    -> FROM fruits INNER JOIN suppliers
    -> ON fruits.s_id = suppliers.s_id;
+------+----------------+------------+---------+
| s_id | s_name         | f_name     | f_price |
+------+----------------+------------+---------+
```

```
| 101 | FastFruit Inc. | apple      |  5.20 |
| 103 | ACME           | apricot    |  2.20 |
| 101 | FastFruit Inc. | blackberry | 10.20 |
| 104 | FNK Inc.       | berry      |  7.60 |
| 107 | DK Inc.        | xxxx       |  3.60 |
| 102 | LT Supplies    | orange     | 11.20 |
| 105 | Good Set       | melon      |  8.20 |
| 101 | FastFruit Inc. | cherry     |  3.20 |
| 104 | FNK Inc.       | lemon      |  6.40 |
| 106 | Just Eat Ours  | mango      | 15.70 |
| 105 | Good Set       | xbabay     |  2.60 |
| 105 | Good Set       | xxtt       | 11.60 |
| 103 | ACME           | coconut    |  9.20 |
| 102 | LT Supplies    | banana     | 10.30 |
| 102 | LT Supplies    | grape      |  5.30 |
| 107 | DK Inc.        | xbababa    |  3.60 |
+------+----------------+------------+---------+
```

在这里的查询语句中，两个表之间的关系通过 INNER JOIN 指定。使用这种语法的时候，连接的条件使用 ON 子句给出，而不是 WHERE，ON 和 WHERE 后面指定的条件相同。

提　示
使用 WHERE 子句定义连接条件比较简单明了，而 INNER JOIN 语法是 ANSI SQL 的标准规范，使用 INNER JOIN 连接语法能够确保不会忘记连接条件，而且 WHERE 子句在某些时候会影响查询的性能。

如果在一个连接查询中涉及的两个表是同一个表，这种查询称为自连接查询。自连接是一种特殊的内连接，它是指相互连接的表在物理上为同一个表，但可以在逻辑上分为两个表。

【例 5.48】查询供应 f_id= 'a1'的水果供应商提供的水果种类，SQL 语句如下：

```
mysql> SELECT f1.f_id, f1.f_name
    -> FROM fruits AS f1, fruits AS f2
    -> WHERE f1.s_id = f2.s_id AND f2.f_id = 'a1';
+------+------------+
| f_id | f_name     |
+------+------------+
| a1   | apple      |
| b1   | blackberry |
| c0   | cherry     |
+------+------------+
```

此处查询的两个表是相同的表，为了防止产生二义性，对表使用了别名，ftuits 表第 1 次出现的别名为 f1，第 2 次出现的别名为 f2，使用 SELECT 语句返回列时，明确指出返回以 f1 为前缀的列的全名，WHERE 连接两个表，并按照第 2 个表的 f_id 对数据进行过滤，返回所需数据。

5.4.2　外连接查询

外连接查询将查询多个表中相关联的行，在内连接中，返回查询结果集合中的仅是符合查询条件和连接条件的行。但有时候需要包含没有关联的行中数据，即返回查询结果集合中的不仅包含符合连接条件的行，而且还包括左表（左外连接或左连接）、右表（右外连接或右连接）或两个边接表（全外连接）中的所有数据行。外连接分为左外连接或左连接和右外连接或右连接：

- LEFT JOIN（左连接）：返回包括左表中的所有记录和右表中连接字段相等的记录。
- RIGHT JOIN（右连接）：返回包括右表中的所有记录和左表中连接字段相等的记录。

1. 左连接

左连接的结果包括 LEFT OUTER 子句中指定的左表的所有行，而不仅仅是连接列所匹配的行。如果左表的某行在右表中没有匹配行，那么在相关联的结果行中，右表的所有选择列表列均为空值。

首先创建表 orders，SQL 语句如下：

```
CREATE TABLE orders
(
 o_num  int     NOT NULL AUTO_INCREMENT,
 o_date datetime NOT NULL,
 c_id   int     NOT NULL,
 PRIMARY KEY (o_num)
) ;
```

插入需要演示的数据，SQL 语句如下：

```
INSERT INTO orders(o_num, o_date, c_id)
VALUES(30001, '2008-09-01', 10001),
(30002, '2008-09-12', 10003),
(30003, '2008-09-30', 10004),
(30004, '2008-10-03', 10005),
(30005, '2008-10-08', 10001);
```

【例 5.49】在 customers 表和 orders 表中，查询所有客户，包括没有订单的客户，SQL 语句如下：

```
mysql> SELECT customers.c_id, orders.o_num
    -> FROM customers LEFT OUTER JOIN orders
    -> ON customers.c_id = orders.c_id;
+-------+-------+
| c_id  | o_num |
+-------+-------+
| 10001 | 30001 |
| 10003 | 30002 |
```

```
| 10004 | 30003 |
| 10001 | 30005 |
| 10002 |  NULL |
+-------+-------+
```

结果显示了 5 条记录，ID 等于 10002 的客户目前没有下订单，所以对应的 orders 表中并没有该客户的订单信息，该条记录只取出了 customers 表中相应的值，而从 orders 表中取出的值为空值（NULL）。

2. 右连接

右连接是左连接的反向连接，将返回右表的所有行。如果右表的某行在左表中没有匹配行，左表就会返回空值。

【例 5.50】在 customers 表和 orders 表中，查询所有订单，包括没有客户的订单，SQL 语句如下：

```
mysql> SELECT customers.c_id, orders.o_num
    -> FROM customers RIGHT OUTER JOIN orders
    -> ON customers.c_id = orders.c_id;
+-------+-------+
| c_id  | o_num |
+-------+-------+
| 10001 | 30001 |
| 10003 | 30002 |
| 10004 | 30003 |
|  NULL | 30004 |
| 10001 | 30005 |
+-------+-------+
```

结果显示了 5 条记录，订单号等于 30004 的订单的客户可能由于某种原因取消了该订单，对应的 customers 表中并没有该客户的信息，所以该条记录只取出了 ordes 表中相应的值，而从 customers 表中取出的值为空值（NULL）。

5.4.3 复合条件连接查询

复合条件连接查询是在连接查询的过程中，通过添加过滤条件限制查询的结果，使查询的结果更加准确。

【例 5.51】在 customers 表和 orders 表中，使用 INNER JOIN 语法查询 customers 表中 ID 为 10001 的客户的订单信息，SQL 语句如下：

```
mysql> SELECT customers.c_id, orders.o_num
    -> FROM customers INNER JOIN orders
    -> ON customers.c_id = orders.c_id AND customers.c_id = 10001;
```

```
+-------+-------+
| c_id  | o_num |
+-------+-------+
| 10001 | 30001 |
| 10001 | 30005 |
+-------+-------+
```

结果显示，在连接查询时指定查询客户 ID 为 10001 的订单信息，添加了过滤条件之后返回的结果将会变少，因此返回结果只有两条记录。

下面再看一个例子。这个例子使用内连接查询，并对查询的结果进行排序。

【例 5.52】在 fruits 表和 suppliers 表之间，使用 INNER JOIN 语法进行内连接查询，并对查询结果排序，SQL 语句如下：

```
mysql> SELECT suppliers.s_id, s_name,f_name, f_price
    -> FROM fruits INNER JOIN suppliers
    -> ON fruits.s_id = suppliers.s_id
    -> ORDER BY fruits.s_id;
+------+---------------+------------+---------+
| s_id | s_name        | f_name     | f_price |
+------+---------------+------------+---------+
| 101  | FastFruit Inc.| apple      |    5.20 |
| 101  | FastFruit Inc.| blackberry |   10.20 |
| 101  | FastFruit Inc.| cherry     |    3.20 |
| 102  | LT Supplies   | orange     |   11.20 |
| 102  | LT Supplies   | banana     |   10.30 |
| 102  | LT Supplies   | grape      |    5.30 |
| 103  | ACME          | apricot    |    2.20 |
| 103  | ACME          | coconut    |    9.20 |
| 104  | FNK Inc.      | berry      |    7.60 |
| 104  | FNK Inc.      | lemon      |    6.40 |
| 105  | Good Set      | melon      |    8.20 |
| 105  | Good Set      | xbabay     |    2.60 |
| 105  | Good Set      | xxtt       |   11.60 |
| 106  | Just Eat Ours | mango      |   15.70 |
| 107  | DK Inc.       | xxxx       |    3.60 |
| 107  | DK Inc.       | xbababa    |    3.60 |
+------+---------------+------------+---------+
```

由结果可以看到，内连接查询的结果按照 suppliers.s_id 字段进行了升序排序。

5.5 子查询

子查询是指一个查询语句嵌套在另一个查询语句内部的查询，这个特性从 MySQL 4.1 开始引入。在 SELECT 子句中先计算子查询，子查询结果作为外层另一个查询的过滤条件，查询可以基于一个表或者多个表。子查询中常用的操作符有 ANY（SOME）、ALL、IN、EXISTS。子查询可以添加到 SELECT、UPDATE 和 DELETE 语句中，而且可以进行多层嵌套。子查询中也可以使用比较运算符，如 "<" "<=" ">" ">=" 和 "!=" 等。本节将介绍如何在 SELECT 语句中嵌套子查询。

5.5.1 带 ANY、SOME 关键字的子查询

ANY 和 SOME 关键字是同义词，表示满足其中任一条件，它们允许创建一个表达式对子查询的返回值列表进行比较，只要满足内层子查询中的任何一个比较条件，就返回一个结果作为外层查询的条件。

下面定义两个表 tbl1 和 tbl2：

```
CREATE table tbl1 ( num1 INT NOT NULL);
CREATE table tbl2 ( num2 INT NOT NULL);
```

分别向两个表中插入数据：

```
INSERT INTO tbl1 values(1), (5), (13), (27);
INSERT INTO tbl2 values(6), (14), (11), (20);
```

ANY 关键字接在一个比较操作符的后面，表示若与子查询返回的任何值比较为 TRUE，则返回 TRUE。

【例 5.53】返回 tbl2 表的所有 num2 列，然后将 tbl1 表中的 num1 的值与之进行比较，只要大于 num2 的任何一个值，即为符合查询条件的结果。

```
mysql> SELECT num1 FROM tbl1 WHERE num1 > ANY (SELECT num2 FROM tbl2);
+------+
| num1 |
+------+
|   13 |
|   27 |
+------+
```

在子查询中，返回的是 tbl2 表的所有 num2 列结果（6,14,11,20），然后将 tbl1 表中的 num1 列的值与之进行比较，只要大于 num2 列的任意一个数即为符合条件的结果。

5.5.2 带 ALL 关键字的子查询

ALL 关键字与 ANY 和 SOME 不同，使用 ALL 时需要同时满足所有内层查询的条件。例如，修改前面的例子，用 ALL 关键字替换 ANY。

ALL 关键字接在一个比较操作符的后面，表示与子查询返回的所有值比较为 TRUE，则返回 TRUE。

【例 5.54】返回 tbl1 表中比 tbl2 表 num2 列所有值都大的值，SQL 语句如下：

```
mysql> SELECT num1 FROM tbl1 WHERE num1 > ALL (SELECT num2 FROM tbl2);
+------+
| num1 |
+------+
|   27 |
+------+
```

在子查询中，返回的是 tbl2 表的所有 num2 列结果（6,14,11,20），然后将 tbl1 表中的 num1 列的值与之进行比较，大于所有 num2 列值的 num1 值只有 27，因此返回结果为 27。

5.5.3 带 EXISTS 关键字的子查询

EXISTS 关键字后面的参数是一个任意的子查询，系统对子查询进行运算以判断它是否返回行，如果至少返回一行，那么 EXISTS 的结果为 TRUE，此时外层查询语句将进行查询；如果子查询没有返回任何行，那么 EXISTS 返回的结果是 FALSE，此时外层语句将不进行查询。

【例 5.55】查询 suppliers 表中是否存在 s_id=107 的供应商，如果存在，就查询 fruits 表中的记录，SQL 语句如下：

```
mysql> SELECT * FROM fruits WHERE EXISTS
    -> (SELECT s_name FROM suppliers WHERE s_id = 107);
+------+------+------------+---------+
| f_id | s_id | f_name     | f_price |
+------+------+------------+---------+
| a1   | 101  | apple      |    5.20 |
| a2   | 103  | apricot    |    2.20 |
| b1   | 101  | blackberry |   10.20 |
| b2   | 104  | berry      |    7.60 |
| b5   | 107  | xxxx       |    3.60 |
| bs1  | 102  | orange     |   11.20 |
| bs2  | 105  | melon      |    8.20 |
| c0   | 101  | cherry     |    3.20 |
| l2   | 104  | lemon      |    6.40 |
| m1   | 106  | mango      |   15.70 |
| m2   | 105  | xbabay     |    2.60 |
| m3   | 105  | xxtt       |   11.60 |
```

```
| o2     | 103  | coconut     |    9.20 |
| t1     | 102  | banana      |   10.30 |
| t2     | 102  | grape       |    5.30 |
| t4     | 107  | xbababa     |    3.60 |
+--------+------+-------------+---------+
```

由结果可以看到，内层查询结果表明 suppliers 表中存在 s_id=107 的记录，因此 EXISTS
表达式返回 TRUE；外层查询语句接收 TRUE 之后对表 fruits 进行查询，返回所有的记录。

EXISTS 关键字可以和条件表达式一起使用。

【例 5.56】查询 suppliers 表中是否存在 s_id=107 的供应商，如果存在，就查询 fruits 表中
的 f_price 大于 10.20 的记录，SQL 语句如下：

```
mysql> SELECT * FROM fruits WHERE f_price>10.20 AND EXISTS
    -> (SELECT s_name FROM suppliers WHERE s_id = 107);
+------+------+--------+---------+
| f_id | s_id | f_name | f_price |
+------+------+--------+---------+
| bs1  | 102  | orange |   11.20 |
| m1   | 106  | mango  |   15.70 |
| m3   | 105  | xxtt   |   11.60 |
| t1   | 102  | banana |   10.30 |
+------+------+--------+---------+
```

由结果可以看到，内层查询结果表明 suppliers 表中存在 s_id=107 的记录，因此 EXISTS
表达式返回 TRUE；外层查询语句接收 TRUE 之后，根据查询条件 f_price > 10.20 对 fruits 表
进行查询，返回结果为 4 条 f_price 大于 10.20 的记录。

NOT EXISTS 与 EXISTS 使用方法相同，返回的结果相反。子查询如果至少返回一行，
那么 NOT EXISTS 的结果为 FALSE，此时外层查询语句将不进行查询；如果子查询没有返回
任何行，那么 NOT EXISTS 返回的结果是 TRUE，此时外层语句将进行查询。

【例 5.57】查询 suppliers 表中是否存在 s_id=107 的供应商，如果不存在，就查询 fruits 表
中的记录，SQL 语句如下：

```
mysql> SELECT * FROM fruits WHERE NOT EXISTS
    -> (SELECT s_name FROM suppliers WHERE s_id = 107);
Empty set (0.00 sec)
```

查询语句 SELECT s_name FROM suppliers WHERE s_id = 107，对 suppliers 表进行查询
返回了一条记录，NOT EXISTS 表达式返回 FALSE，外层表达式接收 FALSE，将不再查询
fruits 表中的记录。

提 示
EXISTS 和 NOT EXISTS 的结果只取决于是否会返回行，而不取决于这些行的内容，所以这个子查询输入列表通常是无关紧要的。

5.5.4 带 IN 关键字的子查询

IN 关键字进行子查询时，内层查询语句仅仅返回一个数据列，这个数据列里的值将提供给外层查询语句进行比较操作。

【例 5.58】在 orderitems 表中查询 f_id 为 c0 的订单号，并根据订单号查询具有订单号的客户 c_id，SQL 语句如下：

```
mysql> SELECT c_id FROM orders WHERE o_num IN
    -> (SELECT o_num  FROM orderitems WHERE f_id = 'c0');
+-------+
| c_id  |
+-------+
| 10004 |
| 10001 |
+-------+
```

查询结果的 c_id 有两个值，分别为 10004 和 10001。上述查询过程可以分步执行，首先内层子查询查出 orderitems 表中符合条件的订单号，单独执行内查询，查询结果如下：

```
mysql> SELECT o_num  FROM orderitems WHERE f_id = 'c0';
+-------+
| o_num |
+-------+
| 30003 |
| 30005 |
+-------+
```

可以看到，符合条件的 o_num 列的值有两个：30003 和 30005。然后执行外层查询，在 orders 表中查询订单号等于 30003 或 30005 的客户 c_id。嵌套子查询语句还可以写为如下形式，实现相同的效果：

```
mysql> SELECT c_id FROM orders WHERE o_num IN (30003, 30005);
+-------+
| c_id  |
+-------+
| 10004 |
| 10001 |
+-------+
```

这个例子说明在处理 SELECT 语句的时候，MySQL 实际上执行了两个操作过程，即先执行内层子查询，再执行外层查询，内层子查询的结果作为外部查询的比较条件。

SELECT 语句中可以使用 NOT IN 关键字，其作用与 IN 正好相反。

【例 5.59】与前一个例子类似，但是在 SELECT 语句中使用 NOT IN 关键字，SQL 语句如下：

```
mysql> SELECT c_id FROM orders WHERE o_num NOT IN
    -> (SELECT o_num FROM orderitems WHERE f_id = 'c0');
+-------+
| c_id  |
+-------+
| 10001 |
| 10003 |
| 10005 |
+-------+
```

这里返回的结果有 3 条记录，由前面可以看到，子查询返回的订单值有两个，即 30003
和 30005，但为什么这里还有值为 10001 的 c_id 呢？这是因为 c_id 等于 10001 的客户的订单
不止一个，可以查看订单表 orders 中的记录。

```
mysql> SELECT * FROM orders;
+-------+---------------------+-------+
| o_num | o_date              | c_id  |
+-------+---------------------+-------+
| 30001 | 2008-09-01 00:00:00 | 10001 |
| 30002 | 2008-09-12 00:00:00 | 10003 |
| 30003 | 2008-09-30 00:00:00 | 10004 |
| 30004 | 2008-10-03 00:00:00 | 10005 |
| 30005 | 2008-10-08 00:00:00 | 10001 |
+-------+---------------------+-------+
```

可以看到，虽然排除了订单号为 30003 和 30005 的客户 c_id，但是 o_num 为 30001 的订
单与 30005 都是 10001 号客户的订单。所以结果中只是排除了订单号，但是仍然有可能选择
同一个客户。

提　示
子查询的功能也可以通过连接查询完成，但是子查询使得 MySQL 代码更容易阅读和编写。

5.5.5　带比较运算符的子查询

在前面介绍的带 ANY、ALL 关键字的子查询时使用了"＞"比较运算符，子查询中还可
以使用其他的比较运算符，如"＜""＜＝""＝""＞＝"和"!＝"等。

【例 5.60】在 suppliers 表中查询 s_city 等于 Tianjin 的供应商 s_id，然后在 fruits 表中查询
所有该供应商提供的水果的种类，SQL 语句如下：

```
SELECT s_id, f_name FROM fruits
WHERE s_id =
(SELECT s1.s_id FROM suppliers AS s1 WHERE s1.s_city = 'Tianjin');
```

该嵌套查询首先在 suppliers 表中查找 s_city 等于 Tianjin 的供应商的 s_id，单独执行子查询查看 s_id 的值，执行下面的操作过程：

```
mysql> SELECT s1.s_id FROM suppliers AS s1 WHERE s1.s_city = 'Tianjin';
+------+
| s_id |
+------+
| 101  |
+------+
```

然后在外层查询中，在 fruits 表中查找 s_id 等于 101 的供应商提供的水果的种类，查询结果如下：

```
mysql> SELECT s_id, f_name FROM fruits
    -> WHERE s_id =
    -> (SELECT s1.s_id FROM suppliers AS s1 WHERE s1.s_city = 'Tianjin');
+------+------------+
| s_id | f_name     |
+------+------------+
| 101  | apple      |
| 101  | blackberry |
| 101  | cherry     |
+------+------------+
```

结果表明，Tianjin 地区的供应商提供的水果种类有 3 种，分别为 apple、blackberry、cherry。

【例 5.61】在 suppliers 表中查询 s_city 等于 Tianjin 的供应商 s_id，然后在 fruits 表中查询所有非该供应商提供的水果的种类，SQL 语句如下：

```
mysql> SELECT s_id, f_name FROM fruits
    -> WHERE s_id <>
    -> (SELECT s1.s_id FROM suppliers AS s1 WHERE s1.s_city = 'Tianjin');
+------+---------+
| s_id | f_name  |
+------+---------+
| 103  | apricot |
| 104  | berry   |
| 107  | xxxx    |
| 102  | orange  |
| 105  | melon   |
| 104  | lemon   |
| 106  | mango   |
| 105  | xbabay  |
| 105  | xxtt    |
| 103  | coconut |
```

```
| 102 | banana  |
| 102 | grape   |
| 107 | xbababa |
+------+--------+
```

该嵌套查询执行过程与前面相同，这里使用了不等于"<>"运算符，因此返回的结果和前面的结果正好相反。

5.6 合并查询结果

利用 UNION 关键字，可以给出多条 SELECT 语句，并将它们的结果组合成单个结果集。合并时，两个表对应的列数和数据类型必须相同。各个 SELECT 语句之间使用 UNION 或 UNION ALL 关键字分隔。UNION 不使用关键字 ALL，执行的时候删除重复的记录，所有返回的行都是唯一的；使用关键字 ALL 的作用是不删除重复行，也不对结果进行自动排序。基本语法格式如下：

```
SELECT column,... FROM table1
UNION [ALL]
SELECT column,... FROM table2
```

【例 5.62】查询所有价格小于 9 的水果的信息，查询 s_id 等于 101 和 103 所有的水果的信息，使用 UNION 连接查询结果，SQL 语句如下：

```
SELECT s_id, f_name, f_price
FROM fruits
WHERE f_price < 9.0
UNION SELECT s_id, f_name, f_price
FROM fruits
WHERE s_id IN(101,103);
```

合并查询结果如下：

```
+------+------------+---------+
| s_id | f_name     | f_price |
+------+------------+---------+
| 101  | apple      |    5.20 |
| 103  | apricot    |    2.20 |
| 104  | berry      |    7.60 |
| 107  | xxxx       |    3.60 |
| 105  | melon      |    8.20 |
| 101  | cherry     |    3.20 |
| 104  | lemon      |    6.40 |
```

```
| 105 | xbabay      |    2.60 |
| 102 | grape       |    5.30 |
| 107 | xbababa     |    3.60 |
| 101 | blackberry  |   10.20 |
| 103 | coconut     |    9.20 |
+------+-----------+---------+
```

如前所述，UNION 将多个 SELECT 语句的结果组合成一个结果集合。可以分开查看每个 SELECT 语句的结果：

```
mysql> SELECT s_id, f_name, f_price
    -> FROM fruits
    -> WHERE f_price < 9.0;
+------+---------+---------+
| s_id | f_name  | f_price |
+------+---------+---------+
| 101  | apple   |    5.20 |
| 103  | apricot |    2.20 |
| 104  | berry   |    7.60 |
| 107  | xxxx    |    3.60 |
| 105  | melon   |    8.20 |
| 101  | cherry  |    3.20 |
| 104  | lemon   |    6.40 |
| 105  | xbabay  |    2.60 |
| 102  | grape   |    5.30 |
| 107  | xbababa |    3.60 |
+------+---------+---------+

mysql> SELECT s_id, f_name, f_price
    -> FROM fruits
    -> WHERE s_id IN(101,103);
+------+------------+---------+
| s_id | f_name     | f_price |
+------+------------+---------+
| 101  | apple      |    5.20 |
| 103  | apricot    |    2.20 |
| 101  | blackberry |   10.20 |
| 101  | cherry     |    3.20 |
| 103  | coconut    |    9.20 |
+------+------------+---------+
```

由分开查询的结果可以看到，第 1 条 SELECT 语句查询价格小于 9 的水果，第 2 条 SELECT 语句查询供应商 101 和 103 提供的水果。使用 UNION 将两条 SELECT 语句分隔开，执行完毕之后，把输出结果组合成单个的结果集，并删除重复的记录。

使用 UNION ALL 包含重复的行，在前面的例子中，分开查询时，两个返回结果中有相同的记录。UNION 从查询结果集中自动去除了重复的行，如果要返回所有匹配行，而不进行删除，那么可以使用 UNION ALL。

【例 5.63】查询所有价格小于 9 的水果的信息，查询 s_id 等于 101 和 103 的所有水果的信息，使用 UNION ALL 连接查询结果，SQL 语句如下：

```
SELECT s_id, f_name, f_price
FROM fruits
WHERE f_price < 9.0
UNION ALL
SELECT s_id, f_name, f_price
FROM fruits
WHERE s_id IN(101,103);
```

查询结果如下：

```
+------+------------+---------+
| s_id | f_name     | f_price |
+------+------------+---------+
| 101  | apple      |    5.20 |
| 103  | apricot    |    2.20 |
| 104  | berry      |    7.60 |
| 107  | xxxx       |    3.60 |
| 105  | melon      |    8.20 |
| 101  | cherry     |    3.20 |
| 104  | lemon      |    6.40 |
| 105  | xbabay     |    2.60 |
| 102  | grape      |    5.30 |
| 107  | xbababa    |    3.60 |
| 101  | apple      |    5.20 |
| 103  | apricot    |    2.20 |
| 101  | blackberry |   10.20 |
| 101  | cherry     |    3.20 |
| 103  | coconut    |    9.20 |
+------+------------+---------+
```

由结果可以看到，这里总的记录数等于两条 SELECT 语句返回的记录数之和，连接查询结果并没有去除重复的行。

提　示
UNION 和 UNION ALL 的区别：使用 UNION ALL 的功能是不删除重复行，加上 ALL 关键字语句执行时所需要的资源少，所以尽可能使用它，当知道有重复行但是想保留这些行，确定查询结果中不会有重复数据或者不需要去掉重复数据的时候，应当使用 UNION ALL 以提高查询效率。

5.7 为表和字段取别名

在前面介绍分组查询、集合函数查询和嵌套子查询的章节中，读者注意到有的地方使用了 AS 关键字为查询结果中的某一列指定一个特定的名字。在内连接查询时，则对相同的表 fruits 分别指定两个不同的名字，这里可以为字段或者表取一个别名，在查询时，使用别名替代其指定的内容。本节将介绍如何为字段和表创建别名以及如何使用别名。

5.7.1 为表取别名

当表名字很长或者执行一些特殊查询时，为了方便操作或者需要多次使用相同的表时，可以为表指定别名，用这个别名替代表原来的名称。为表取别名的基本语法格式如下：

```
表名 [AS] 表别名
```

"表名"为数据库中存储的数据表的名称，"表别名"为查询时指定的表的新名称，AS 关键字为可选参数。

【例 5.64】为 orders 表取别名 o，查询 30001 订单的下单日期，SQL 语句如下：

```
SELECT * FROM orders AS o
WHERE o.o_num = 30001;
```

在这里 orders AS o 表示为 orders 表取别名为 o，指定过滤条件时直接使用 o 代替 orders，查询结果如下：

```
+-------+---------------------+-------+
| o_num | o_date              | c_id  |
+-------+---------------------+-------+
| 30001 | 2008-09-01 00:00:00 | 10001 |
+-------+---------------------+-------+
```

【例 5.65】为 customers 和 orders 表分别取别名，并进行连接查询，SQL 语句如下：

```
mysql> SELECT c.c_id, o.o_num
    -> FROM customers AS c LEFT OUTER JOIN orders AS o
    -> ON c.c_id = o.c_id;
+-------+-------+
| c_id  | o_num |
+-------+-------+
| 10001 | 30001 |
| 10001 | 30005 |
| 10002 | NULL  |
| 10003 | 30002 |
| 10004 | 30003 |
+-------+-------+
```

由结果看到，MySQL 可以同时为多个表取别名，而且表别名可以放在不同的位置，如 WHERE 子句、SELECT 列表、ON 子句以及 ORDER BY 子句等。

在前面介绍内连接查询时指出自连接是一种特殊的内连接，在连接查询中的两个表是同一个表，其查询语句如下：

```
mysql> SELECT f1.f_id, f1.f_name
    -> FROM fruits AS f1, fruits AS f2
    -> WHERE f1.s_id = f2.s_id AND f2.f_id = 'a1';
+------+------------+
| f_id | f_name     |
+------+------------+
| a1   | apple      |
| b1   | blackberry |
| c0   | cherry     |
+------+------------+
```

在这里，如果不使用表别名，MySQL 就不知道引用的是哪个 fruits 表实例，这是表别名的一个非常有用的地方。

提　示
在为表取别名时，要保证不能与数据库中的其他表的名称冲突。

5.7.2　为字段取别名

在本章和前面各章节的例子中可以看到，在使用 SELECT 语句显示查询结果时，MySQL 会显示每个 SELECT 后面指定的输出列，在有些情况下，显示的列的名称会很长或者名称不够直观，MySQL 可以指定列别名，替换字段或表达式。为字段取别名的基本语法格式如下：

列名 [AS] 列别名

"列名"为表中字段定义的名称，"列别名"为字段新的名称，AS 关键字为可选参数。

【例 5.66】查询 fruits 表，为 f_name 取别名 fruit_name，为 f_price 取别名 fruit_price，为 fruits 表取别名 f1，查询表中 f_price < 8 的水果的名称，SQL 语句如下：

```
mysql> SELECT f1.f_name AS fruit_name, f1.f_price AS fruit_price
    -> FROM fruits AS f1
    -> WHERE f1.f_price < 8;
+------------+-------------+
| fruit_name | fruit_price |
+------------+-------------+
| apple      |        5.20 |
| apricot    |        2.20 |
| berry      |        7.60 |
```

```
| xxxx         |        3.60 |
| cherry       |        3.20 |
| lemon        |        6.40 |
| xbabay       |        2.60 |
| grape        |        5.30 |
| xbababa      |        3.60 |
+------------+-------------+
```

也可以为 SELECT 子句中的计算字段取别名，例如，对使用 COUNT 聚合函数或者 CONCAT 等系统函数执行的结果字段取别名。

【例 5.67】查询 suppliers 表中的字段 s_name 和 s_city，使用 CONCAT 函数连接这两个字段值，并取列别名为 suppliers_title。

如果没有对连接后的值取别名，其显示列名称就会不够直观，SQL 语句如下：

```
mysql> SELECT CONCAT(TRIM(s_name) , ' (', TRIM(s_city), ')')
    -> FROM suppliers
    -> ORDER BY s_name;
+--------------------------------------------------+
| CONCAT(TRIM(s_name) , ' (', TRIM(s_city), ')')   |
+--------------------------------------------------+
| ACME (Shanghai)                                  |
| DK Inc. (Zhengzhou)                              |
| FastFruit Inc. (Tianjin)                         |
| FNK Inc. (Zhongshan)                             |
| Good Set (Taiyuang)                              |
| Just Eat Ours (Beijing)                          |
| LT Supplies (Chongqing)                          |
+--------------------------------------------------+
```

由结果可以看到，显示结果的列名称为 SELECT 子句后面的计算字段，实际上计算之后的列是没有名字的，这样的结果让人很不容易理解，如果为字段取一个别名，就会使结果清晰，SQL 语句如下：

```
mysql> SELECT CONCAT(TRIM(s_name) , ' (', TRIM(s_city), ')')
    -> AS suppliers_title
    -> FROM suppliers
    -> ORDER BY s_name;
+--------------------------+
| suppliers_title          |
+--------------------------+
| ACME (Shanghai)          |
| DK Inc. (Zhengzhou)      |
```

```
| FastFruit Inc. (Tianjin)  |
| FNK Inc. (Zhongshan)      |
| Good Set (Taiyuang)       |
| Just Eat Ours (Beijing)   |
| LT Supplies (Chongqing)   |
+---------------------------+
```

由结果可以看到，SELECT 子句计算字段值之后增加了 AS suppliers_title，它指示 MySQL 为计算字段创建一个别名 suppliers_title，显示结果为指定的列别名，这样就增强了查询结果的可读性。

提 示
表别名只在执行查询的时候使用，并不在返回结果中显示，而列别名定义之后，将返回给客户端显示，显示的结果字段为字段列的别名。

5.8 使用正则表达式查询

正则表达式通常被用来检索或替换那些符合某个模式的文本内容，根据指定的匹配模式匹配文本中符合要求的特殊字符串。例如，从一个文本文件中提取电话号码，查找一篇文章中重复的单词，替换用户输入的某些敏感词语，等等，这些地方都可以使用正则表达式。正则表达式强大而且灵活，可以应用于非常复杂的查询。

在 MySQL 中，使用 REGEXP 关键字指定正则表达式的字符匹配模式。表 5.3 列出了 REGEXP 操作符中常用的字符匹配列表。

表 5.3　正则表达式中常用的字符匹配列表

选 项	说 明	例 子	匹配值示例
^	匹配文本的开始字符	'^b'匹配以字母 b 开头的字符串	Book、big、banana、bike
$	匹配文本的结束字符	'st$'匹配以 st 结尾的字符串	Test、resist、persist
.	匹配任何单个字符	'b.t'匹配任何 b 和 t 之间有一个字符	Bit、bat、but、bite
*	匹配零个或多个在它前面的字符	'f*n'匹配字符 n 前面有任意个字符 f	Fn、fan、faan、fabcn
+	匹配前面的字符一次或多次	'ba+ '匹配以 b 开头后面至少紧跟一个 a	Ba、bay、bare、battle
<字符串>	匹配包含指定的字符串的文本	'fa'	Fan、afa、faad

（续表）

选　项	说　明	例　子	匹配值示例
[字符集合]	匹配字符集合中的任何一个字符	'[xz]' 匹配 x 或者 z	Dizzy、zebra、x-ray、extra
[^]	匹配不在括号中的任何字符	'[^abc]' 匹配任何不包含 a、b 或 c 的字符串	Desk、fox、f8ke
字符串 {n,}	匹配前面的字符串至少 n 次	b{2}匹配两个或更多的 b	Bbb、bbbb、bbbbbbb
字符串 {n,m}	匹配前面的字符串至少 n 次，至多 m 次。如果 n 为 0，此参数就为可选参数	b{2,4}匹配最少 2 个，最多 4 个 b	Bb、bbb、bbbb

下面将详细介绍在 MySQL 中如何使用正则表达式。

5.8.1　查询以特定字符或字符串开头的记录

字符"^"匹配以特定字符或者字符串开头的文本。

【例 5.68】在 fruits 表中，查询 f_name 字段以字母 b 开头的记录，SQL 语句如下：

```
mysql> SELECT * FROM fruits WHERE f_name REGEXP '^b';
+------+------+------------+---------+
| f_id | s_id | f_name     | f_price |
+------+------+------------+---------+
| b1   | 101  | blackberry | 10.20   |
| b2   | 104  | berry      | 7.60    |
| t1   | 102  | banana     | 10.30   |
+------+------+------------+---------+
```

fruits 表中有 3 条记录的 f_name 字段值是以字母 b 开头的，返回结果有 3 条记录。

【例 5.69】在 fruits 表中，查询 f_name 字段以 be 开头的记录，SQL 语句如下：

```
mysql> SELECT * FROM fruits WHERE f_name REGEXP '^be';
+------+------+--------+---------+
| f_id | s_id | f_name | f_price |
+------+------+--------+---------+
| b2   | 104  | berry  | 7.60    |
+------+------+--------+---------+
```

只有 berry 是以 be 开头的，所以查询结果中只有一条记录。

5.8.2　查询以特定字符或字符串结尾的记录

字符"$"匹配以特定字符或者字符串结尾的文本。

【例 5.70】在 fruits 表中，查询 f_name 字段以字母 y 结尾的记录，SQL 语句如下：

```
mysql> SELECT * FROM fruits WHERE f_name REGEXP 'y$';
+------+------+------------+---------+
| f_id | s_id | f_name     | f_price |
+------+------+------------+---------+
| b1   |  101 | blackberry |   10.20 |
| b2   |  104 | berry      |    7.60 |
| c0   |  101 | cherry     |    3.20 |
| m2   |  105 | xbabay     |    2.60 |
+------+------+------------+---------+
```

fruits 表中有 4 条记录的 f_name 字段值是以字母 y 结尾的，返回结果有 4 条记录。

【例 5.71】在 fruits 表中，查询 f_name 字段以字符串 rry 结尾的记录，SQL 语句如下：

```
mysql> SELECT * FROM fruits WHERE f_name REGEXP 'rry$';
+------+------+------------+---------+
| f_id | s_id | f_name     | f_price |
+------+------+------------+---------+
| b1   |  101 | blackberry |   10.20 |
| b2   |  104 | berry      |    7.60 |
| c0   |  101 | cherry     |    3.20 |
+------+------+------------+---------+
```

fruits 表中有 3 条记录的 f_name 字段值是以字符串 rry 结尾的，返回结果有 3 条记录。

5.8.3 用符号"."来替代字符串中的任意一个字符

字符"."匹配任意一个字符。

【例 5.72】在 fruits 表中，查询 f_name 字段值包含字母 a 与 g 且两个字母之间只有一个字母的记录，SQL 语句如下：

```
mysql> SELECT * FROM fruits WHERE f_name REGEXP 'a.g';
+------+------+--------+---------+
| f_id | s_id | f_name | f_price |
+------+------+--------+---------+
| bs1  |  102 | orange |   11.20 |
| m1   |  106 | mango  |   15.70 |
+------+------+--------+---------+
```

查询语句中，'a.g'指定匹配字符中要有字母 a 和 g，且两个字母之间包含单个字符，并不限定匹配的字符的位置和所在查询字符串的总长度，因此 orange 和 mango 都符合匹配条件。

5.8.4 使用 "*" 和 "+" 来匹配多个字符

星号 "*" 匹配前面的字符任意多次，包括 0 次。加号 "+" 匹配前面的字符至少一次。

【例 5.73】在 fruits 表中，查询 f_name 字段值以字母 b 开头且 b 后面出现字母 a 的记录，SQL 语句如下：

```
mysql> SELECT * FROM fruits WHERE f_name REGEXP '^ba*';
+------+------+------------+---------+
| f_id | s_id | f_name     | f_price |
+------+------+------------+---------+
| b1   | 101  | blackberry |   10.20 |
| b2   | 104  | berry      |    7.60 |
| t1   | 102  | banana     |   10.30 |
+------+------+------------+---------+
```

星号 "*" 可以匹配任意多个字符，blackberry 和 berry 中字母 b 后面并没有出现字母 a，但是也满足匹配条件。

【例 5.74】在 fruits 表中，查询 f_name 字段值以字母 b 开头且 b 后面出现字母 a 至少一次的记录，SQL 语句如下：

```
mysql> SELECT * FROM fruits WHERE f_name REGEXP '^ba+';
+------+------+--------+---------+
| f_id | s_id | f_name | f_price |
+------+------+--------+---------+
| t1   | 102  | banana |   10.30 |
+------+------+--------+---------+
```

a+匹配字母 a 至少一次，只有 banana 满足匹配条件。

5.8.5 匹配指定字符串

正则表达式可以匹配指定字符串，只要这个字符串在查询文本中即可，若要匹配多个字符串，则多个字符串之间使用分隔符 "|" 隔开。

【例 5.75】在 fruits 表中，查询 f_name 字段值包含字符串 on 的记录，SQL 语句如下：

```
mysql> SELECT * FROM fruits WHERE f_name REGEXP 'on';
+------+------+---------+---------+
| f_id | s_id | f_name  | f_price |
+------+------+---------+---------+
| bs2  | 105  | melon   |    8.20 |
| l2   | 104  | lemon   |    6.40 |
| o2   | 103  | coconut |    9.20 |
+------+------+---------+---------+
```

可以看到，f_name 字段的 melon、lemon 和 coconut 三个值中都包含字符串 on，满足匹配条件。

【例 5.76】在 fruits 表中，查询 f_name 字段值包含字符串 on 或者 ap 的记录，SQL 语句如下：

```
mysql> SELECT * FROM fruits WHERE f_name REGEXP 'on|ap';
+------+------+---------+---------+
| f_id | s_id | f_name  | f_price |
+------+------+---------+---------+
| a1   | 101  | apple   |    5.20 |
| a2   | 103  | apricot |    2.20 |
| bs2  | 105  | melon   |    8.20 |
| l2   | 104  | lemon   |    6.40 |
| o2   | 103  | coconut |    9.20 |
| t2   | 102  | grape   |    5.30 |
+------+------+---------+---------+
```

可以看到，f_name 字段的 melon、lemon 和 coconut 三个值中都包含字符串 on，apple 和 apricot 值中包含字符串 ap，满足匹配条件。

> **提　示**
>
> 　　之前介绍过，LIKE 运算符也可以匹配指定的字符串，但与 REGEXP 不同，LIKE 匹配的字符串如果在文本中间出现，就找不到它，相应的行也不会返回。而 REGEXP 在文本内进行匹配，如果被匹配的字符串在文本中出现，REGEXP 就会找到它，相应的行也会被返回。对比结果如例 5.77 所示。

【例 5.77】在 fruits 表中，使用 LIKE 运算符查询 f_name 字段值为 on 的记录，SQL 语句如下：

```
mysql> SELECT * FROM fruits WHERE f_name LIKE 'on';
Empty set (0.00 sec)
```

f_name 字段没有值为 on 的记录，返回结果为空。读者可以体会一下两者的区别。

5.8.6　匹配指定字符中的任意一个

方括号 "[]" 指定一个字符集合，只匹配其中任何一个字符，即为所查找的文本。

【例 5.78】在 fruits 表中，查找 f_name 字段中包含字母 o 或者 t 的记录，SQL 语句如下：

```
mysql> SELECT * FROM fruits WHERE f_name REGEXP '[ot]';
+------+------+---------+---------+
| f_id | s_id | f_name  | f_price |
+------+------+---------+---------+
| a2   | 103  | apricot |    2.20 |
```

```
| bs1  | 102  | orange   |   11.20 |
| bs2  | 105  | melon    |    8.20 |
| l2   | 104  | lemon    |    6.40 |
| m1   | 106  | mango    |   15.70 |
| m3   | 105  | xxtt     |   11.60 |
| o2   | 103  | coconut  |    9.20 |
+------+------+----------+---------+
```

由查询结果可以看到，所有返回的记录的 f_name 字段值中都包含字母 o 或者 t，或者两个都有。

方括号"[]"还可以指定数值集合。

【例 5.79】在 fruits 表中，查询 s_id 字段数值中包含 4、5 或者 6 的记录，SQL 语句如下：

```
mysql> SELECT * FROM fruits WHERE s_id REGEXP '[456]';
+------+------+----------+---------+
| f_id | s_id | f_name   | f_price |
+------+------+----------+---------+
| b2   | 104  | berry    |    7.60 |
| bs2  | 105  | melon    |    8.20 |
| l2   | 104  | lemon    |    6.40 |
| m1   | 106  | mango    |   15.70 |
| m2   | 105  | xbabay   |    2.60 |
| m3   | 105  | xxtt     |   11.60 |
+------+------+----------+---------+
```

查询结果中，s_id 字段值中有 3 个数字中的 1 个即为匹配记录字段。

匹配集合"[456]"也可以写成"[4-6]"，即指定集合区间。例如，"[a-z]"表示集合区间为 a~z 的字母，"[0-9]"表示集合区间为所有数字。

5.8.7　匹配指定字符以外的字符

"[^字符集合]"匹配不在指定集合中的任何字符。

【例 5.80】在 fruits 表中，查询 f_id 字段中包含字母 a~e 和数字 1~2 以外字符的记录，SQL 语句如下：

```
mysql> SELECT * FROM fruits WHERE f_id REGEXP '[^a-e1-2]';
+------+------+----------+---------+
| f_id | s_id | f_name   | f_price |
+------+------+----------+---------+
| b5   | 107  | xxxx     |    3.60 |
| bs1  | 102  | orange   |   11.20 |
| bs2  | 105  | melon    |    8.20 |
| c0   | 101  | cherry   |    3.20 |
| l2   | 104  | lemon    |    6.40 |
```

```
| m1  | 106  | mango    |  15.70 |
| m2  | 105  | xbabay   |   2.60 |
| m3  | 105  | xxtt     |  11.60 |
| o2  | 103  | coconut  |   9.20 |
| t1  | 102  | banana   |  10.30 |
| t2  | 102  | grape    |   5.30 |
| t4  | 107  | xbababa  |   3.60 |
+------+------+---------+--------+
```

返回记录中的 f_id 字段值中包含指定字母和数字以外的值，如 s、m、o、t 等，这些字母均不在 a~e 与 1~2 之间，满足匹配条件。

5.8.8　使用{n,}或者{n,m}来指定字符串连续出现的次数

"字符串{n,}"表示至少匹配 n 次前面的字符；"字符串{n,m}"表示匹配前面的字符串不少于 n 次，不多于 m 次。例如，a{2,}表示字母 a 连续出现至少两次，也可以大于两次；a{2,4}表示字母 a 连续出现最少两次，最多不能超过 4 次。

【例 5.81】在 fruits 表中，查询 f_name 字段值出现字母 x 至少两次的记录，SQL 语句如下：

```
mysql> SELECT * FROM fruits WHERE f_name REGEXP 'x{2,}';
+------+------+---------+--------+
| f_id | s_id | f_name  | f_price |
+------+------+---------+--------+
| b5   | 107  | xxxx    |   3.60 |
| m3   | 105  | xxtt    |  11.60 |
+------+------+---------+--------+
```

可以看到，f_name 字段的 xxxx 包含 4 个字母 x，xxtt 包含两个字母 x，均为满足匹配条件的记录。

【例 5.82】在 fruits 表中，查询 f_name 字段值出现字符串 ba 最少 1 次、最多 3 次的记录，SQL 语句如下：

```
mysql> SELECT * FROM fruits WHERE f_name REGEXP 'ba{1,3}';
+------+------+---------+--------+
| f_id | s_id | f_name  | f_price |
+------+------+---------+--------+
| m2   | 105  | xbabay  |   2.60 |
| t1   | 102  | banana  |  10.30 |
| t4   | 107  | xbababa |   3.60 |
+------+------+---------+--------+
```

可以看到，f_name 字段的 xbabay 值中 ba 出现了两次，banana 中出现了 1 次，xbababa 中出现了 3 次，都是满足匹配条件的记录。

5.9 小白疑难解惑

疑问 1：DISTINCT 可以应用于所有的列吗？

在查询结果中，如果需要对列进行降序排序，那么可以使用 DESC，这个关键字只能对其前面的列进行降序排列。例如，要对多列进行降序排序，必须在每一列的列名后面加 DESC 关键字。而 DISTINCT 不同，DISTINCT 不能部分使用。换句话说，DISTINCT 关键字应用于所有列，而不仅是它后面的第一个指定列。例如，查询 3 个字段：s_id、f_name、f_price，如果不同记录的这 3 个字段的组合值都不同，那么所有记录都会被查询出来。

疑问 2：ORDER BY 可以和 LIMIT 混合使用吗？

在使用 ORDER BY 子句时，应保证其位于 FROM 子句之后，如果使用 LIMIT，就必须位于 ORDER BY 之后，如果子句顺序不正确，MySQL 就会产生错误消息。

疑问 3：什么时候使用引号？

在查询的时候，会看到在 WHERE 子句中使用条件，有的值加上了单引号，而有的值未加。单引号用来限定字符串，如果将值与字符串类型列进行比较，就需要限定引号；而用来与数值进行比较，则不需要用引号。

疑问 4：在 WHERE 子句中必须使用圆括号吗？

任何时候使用具有 AND 和 OR 操作符的 WHERE 子句都应该使用圆括号明确操作顺序。如果条件较多，即使能确定计算次序，默认的计算次序也可能会使 SQL 语句不易理解，因此使用括号明确操作符的次序是一个好的习惯。

疑问 5：为什么使用通配符格式正确，却没有查找出符合条件的记录？

在 MySQL 中存储字符串数据时，可能会不小心把两端带有空格的字符串保存到记录中，而在查看表中的记录时，MySQL 不能明确地显示空格，数据库操作者不能直观地确定字符串两端是否有空格。例如，使用 LIKE '%e'匹配以字母 e 结尾的水果的名称，如果字母 e 后面多了一个空格，LIKE 语句就不能将该记录查找出来。解决的方法是使用 TRIM 函数将字符串两端的空格删除之后再进行匹配。

5.10 习题演练

根据不同条件对表进行查询操作，掌握数据表的查询语句。表 employee、表 dept 的表结构以及表中的记录，如表 5.4~表 5.7 所示。

表 5.4 employee 表结构

字 段 名	字段说明	数据类型	主 键	外 键	非 空	唯 一	自 增
e_no	员工编号	INT(11)	是	否	是	是	否
e_name	员工姓名	VARCHAR(50)	否	否	是	否	否
e_gender	员工性别	CHAR(2)	否	否	否	否	否
dept_no	部门编号	INT(11)	否	否	是	否	否
e_job	职位	VARCHAR(50)	否	否	是	否	否
e_salary	薪水	INT(11)	否	否	是	否	否
hireDate	入职日期	DATE	否	否	是	否	否

表 5.5 dept 表结构

字 段 名	字段说明	数据类型	主 键	外 键	非 空	唯 一	自 增
d_no	部门编号	INT(11)	是	是	是	是	是
d_name	部门名称	VARCHAR(50)	否	否	是	否	否
d_location	部门地址	VARCHAR(100)	否	否	否	否	否

表 5.6 employee 表中的记录

e_no	e_name	e_gender	dept_no	e_job	e_salary	hireDate
1001	SMITH	m	20	CLERK	800	2005-11-12
1002	ALLEN	f	30	SALESMAN	1600	2003-05-12
1003	WARD	f	30	SALESMAN	1250	2003-05-12
1004	JONES	m	20	MANAGER	2975	1998-05-18
1005	MARTIN	m	30	SALESMAN	1250	2001-06-12
1006	BLAKE	f	30	MANAGER	2850	1997-02-15
1007	CLARK	m	10	MANAGER	2450	2002-09-12
1008	SCOTT	m	20	ANALYST	3000	2003-05-12
1009	KING	f	10	PRESIDENT	5000	1995-01-01
1010	TURNER	f	30	SALESMAN	1500	1997-10-12
1011	ADAMS	m	20	CLERK	1100	1999-10-05
1012	JAMES	f	30	CLERK	950	2008-06-15

表 5.7 dept 表中的记录

d_no	d_name	d_location
10	ACCOUNTING	ShangHai
20	RESEARCH	BeiJing
30	SALES	ShenZhen
40	OPERATIONS	FuJian

（1）创建数据表 employee 和 dept。由于 employee 表中的 dept_no 依赖于父表 dept 的主键 d_no，因此需要先创建 dept 表，然后创建 employee 表。

（2）将表 5.6 和表 5.7 的记录分别插入两个对应的表中。

（3）在 employee 表中，查询所有记录的 e_no、e_name 和 e_salary 字段值。

（4）在 employee 表中，查询 dept_no 等于 10 和 20 的所有记录。

（5）在 employee 表中，查询工资范围为 800~2500 的员工信息。

（6）在 employee 表中，查询部门编号为 20 的部门中的员工信息。

（7）在 employee 表中，查询每个部门最高工资的员工信息。

（8）查询员工 BLAKE 所在的部门和部门所在地。

（9）使用连接查询，查询所有员工的部门和部门信息。

（10）在 employee 表中，计算每个部门各有多少名员工。

（11）在 employee 表中，计算不同类型职工的总工资数。

（12）在 employee 表中，计算不同部门的平均工资。

（13）在 employee 表中，查询工资低于 1500 的员工信息。

（14）在 employee 表中，将查询记录先按部门编号由高到低排列，再按员工工资由高到低排列。

（15）在 employee 表中，查询员工姓名以字母 A 或 S 开头的员工的信息。

（16）在 employee 表中，查询到目前为止，工龄大于等于 18 年的员工信息。

第 6 章
◀ 插入、更新与删除数据 ▶

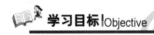 **学习目标** Objective

存储在系统中的数据是数据库管理系统（Database Management System，DBMS）的核心，数据库被设计用来管理数据的存储、访问和维护数据的完整性。MySQL 中提供了功能丰富的数据库管理语句，包括有效地向数据库中插入数据的 INSERT 语句、更新数据的 UPDATE 语句以及当数据不再使用时删除数据的 DELETE 语句。本章将详细介绍在 MySQL 中如何使用这些语句操作数据。

内容导航 Navigation

- 掌握如何向表中插入数据
- 掌握更新数据的方法
- 熟悉如何删除数据

6.1　插入数据

在使用数据库之前，数据库中必须有数据，MySQL 中使用 INSERT 语句向数据库表中插入新的数据记录，可以插入的方式有：插入完整的记录、插入记录的一部分、插入多条记录、插入另一个查询的结果。下面将分别介绍这些内容。

6.1.1　为表的所有字段插入数据

使用基本的 INSERT 语句插入数据要求指定表名称和插入新记录中的值。基本语法格式如下：

```
INSERT INTO table_name (column_list) VALUES (value_list);
```

table_name 指定要插入数据的表名，column_list 指定要插入数据的那些列，value_list 指定每个列应对应插入的数据。注意，使用该语句时字段列和数据值的数量必须相同。

本章将使用样例表 person，创建语句如下：

```
CREATE TABLE person
(
 id     INT UNSIGNED NOT NULL AUTO_INCREMENT,
 name   CHAR(40) NOT NULL DEFAULT '',
 age    INT NOT NULL DEFAULT 0,
 info   CHAR(50) NULL,
 PRIMARY KEY (id)
);
```

向表中所有字段插入值的方法有两种：一种是指定所有字段名；另一种是完全不指定字段名。

【例 6.1】在 person 表中插入一条新记录，id 值为 1，name 值为 Green，age 值为 21，info 值为 Lawyer，SQL 语句如下：

执行插入操作之前，使用 SELECT 语句查看表中的数据：

```
mysql> SELECT * FROM person;
Empty set (0.00 sec)
```

结果显示当前表为空，没有数据。接下来执行插入操作：

```
mysql> INSERT INTO person (id ,name, age , info)
    -> VALUES (1,'Green', 21, 'Lawyer');
```

语句执行完毕，查看执行结果：

```
mysql> SELECT * FROM person;
+----+-------+-----+--------+
| id | name  | age | info   |
+----+-------+-----+--------+
|  1 | Green |  21 | Lawyer |
+----+-------+-----+--------+
```

可以看到插入记录成功。在插入数据时，指定了 person 表的所有字段，因此将为每一个字段插入新的值。

INSERT 语句后面的列名称顺序可以不是 person 表定义时的顺序，即插入数据时，不需要按照表定义的顺序插入，只要保证值的顺序与列字段的顺序相同就可以，如例 6.2 所示。

【例 6.2】在 person 表中插入一条新记录，id 值为 2，name 值为 Suse，age 值为 22，info 值为 dancer，SQL 语句如下：

```
mysql> INSERT INTO person (age ,name, id , info)
    -> VALUES (22, 'Suse', 2, 'dancer');
```

语句执行完毕，查看执行结果：

```
mysql> SELECT * FROM person;
+----+-------+-----+--------+
| id | name  | age | info   |
+----+-------+-----+--------+
| 1  | Green | 21  | Lawyer |
| 2  | Suse  | 22  | dancer |
+----+-------+-----+--------+
```

由结果可以看到，INSERT 语句成功插入了一条记录。

使用 INSERT 插入数据时，允许列名称列表 column_list 为空，此时，值列表中需要为表的每一个字段指定值，并且值的顺序必须和数据表中字段定义时的顺序相同，如例 6.3 所示。

【例 6.3】在 person 表中插入一条新记录，id 值为 3，name 值为 Mary，age 值为 24，info 值为 Musician，SQL 语句如下：

```
mysql> INSERT INTO person  VALUES (3,'Mary', 24, 'Musician');
```

语句执行完毕，查看执行结果：

```
mysql> SELECT * FROM person;
+----+--------+-----+------------+
| id | name   | age | info       |
+----+--------+-----+------------+
| 1  | Green  | 21  | Lawyer     |
| 2  | Suse   | 22  | dancer     |
| 3  | Mary   | 24  | Musician   |
+----+--------+-----+------------+
```

可以看到插入记录成功。数据库中增加了一条 id 为 3 的记录，其他字段值为指定的插入值。本例的 INSERT 语句中没有指定插入列表，只有一个值列表。在这种情况下，值列表为每一个字段列指定插入值，并且这些值的顺序必须和 person 表中字段定义的顺序相同。

提　示

虽然使用 INSERT 插入数据时可以忽略插入数据的列名称，但是值如果不包含列名称，那么 VALUES 关键字后面的值不仅要求完整，而且顺序必须和表定义时列的顺序相同。如果表的结构被修改，对列进行增加、删除或者位置改变操作，这些操作将使得用这种方式插入数据时的顺序同时改变。如果指定列名称，就不会受到表结构改变的影响。

6.1.2　为表的指定字段插入数据

为表的指定字段插入数据，就是在 INSERT 语句中只向部分字段中插入值，而其他字段的值为表定义时的默认值。

【例 6.4】在 person 表中插入一条新记录，name 值为 Willam，age 值为 20，info 值为 sports man，SQL 语句如下：

```
mysql> INSERT INTO person (name, age,info)
    -> VALUES('Willam', 20, 'sports man');
```

提示信息表示插入一条记录成功。使用 SELECT 查询表中的记录，查询结果如下：

```
mysql> SELECT * FROM person;
+----+--------+-----+------------+
| id | name   | age | info       |
+----+--------+-----+------------+
|  1 | Green  | 21  | Lawyer     |
|  2 | Suse   | 22  | dancer     |
|  3 | Mary   | 24  | Musician   |
|  4 | Willam | 20  | sports man |
+----+--------+-----+------------+
```

可以看到插入记录成功。如查询结果显示，该 id 字段自动添加了一个整数值 4。在这里 id 字段为表的主键，不能为空，系统会自动为该字段插入自增的序列值。在插入记录时，如果某些字段没有指定插入值，MySQL 将插入该字段定义时的默认值。下面的例子将说明在没有指定列字段时，插入默认值。

【例 6.5】在 person 表中插入一条新记录，name 值为 laura，age 值为 25，SQL 语句如下：

```
mysql> INSERT INTO person (name, age ) VALUES ('Laura', 25);
```

语句执行完毕，查看执行结果：

```
mysql> SELECT * FROM person;
+----+--------+-----+------------+
| id | name   | age | info       |
+----+--------+-----+------------+
|  1 | Green  | 21  | Lawyer     |
|  2 | Suse   | 22  | dancer     |
|  3 | Mary   | 24  | Musician   |
|  4 | Willam | 20  | sports man |
|  5 | Laura  | 25  | NULL       |
+----+--------+-----+------------+
```

可以看到，在本例插入语句中，没有指定 info 字段值，查询结果显示，info 字段在定义时默认为 NULL，因此系统自动为该字段插入空值。

提 示
要保证每个插入值的类型和对应列的数据类型匹配，如果类型不同，就无法插入，并且 MySQL 会产生错误。

6.1.3 同时插入多条记录

INSERT 语句可以同时向数据表中插入多条记录，插入时指定多个值列表，每个值列表之间用逗号分隔开，基本语法格式如下：

```
INSERT INTO table_name (column_list)
VALUES (value_list1), (value_list2),...,(value_listn);
```

value_list1,value_list2,…,value_listn 表示第 1,2,…,n 个插入记录的字段的值列表。

【例 6.6】在 person 表的 name、age 和 info 字段中指定插入值，同时插入 3 条新记录，SQL 语句如下：

```
INSERT INTO person(name, age, info)
VALUES ('Evans',27, 'secretary'),
('Dale',22, 'cook'),
('Edison',28, 'singer');
```

语句执行完毕，查看执行结果：

```
mysql> SELECT * FROM person;
+----+--------+-----+------------+
| id | name   | age | info       |
+----+--------+-----+------------+
|  1 | Green  |  21 | Lawyer     |
|  2 | Suse   |  22 | dancer     |
|  3 | Mary   |  24 | Musician   |
|  4 | Willam |  20 | sports man |
|  5 | Laura  |  25 | NULL       |
|  6 | Evans  |  27 | secretary  |
|  7 | Dale   |  22 | cook       |
|  8 | Edison |  28 | singer     |
+----+--------+-----+------------+
```

由结果可以看到，INSERT 语句执行后，person 表中添加了 3 条记录，其 name 和 age 字段分别为指定的值，id 字段为 MySQL 添加的默认的自增值。

使用 INSERT 同时插入多条记录时，MySQL 会返回一些在执行单行插入时没有的额外信息，这些信息的含义如下：

- Records：表明插入的记录条数。
- Duplicates：表明插入时被忽略的记录，原因可能是这些记录包含重复的主键值。
- Warnings：表明有问题的数据值，例如发生数据类型转换。

【例 6.7】在 person 表中，不指定插入列表，同时插入两条新记录，SQL 语句如下：

```
INSERT INTO person
VALUES (9,'Harry',21, 'magician'),
```

```
(NULL,'Harriet',19, 'pianist');
```

语句执行结果如下：

```
mysql> INSERT INTO person
    -> VALUES (9,'Harry',21, 'magician'),
    -> (NULL,'Harriet',19, 'pianist');
Query OK, 2 rows affected (0.01 sec)
Records: 2 Duplicates: 0 Warnings: 0
```

语句执行完毕，查看执行结果：

```
mysql> SELECT * FROM person;
+----+------------+------+------------+
| id | name       | age  | info       |
+----+------------+------+------------+
|  1 | Green      |  21  | Lawyer     |
|  2 | Suse       |  22  | dancer     |
|  3 | Mary       |  24  | Musician   |
|  4 | Willam     |  20  | sports man |
|  5 | Laura      |  25  | NULL       |
|  6 | Evans      |  27  | secretary  |
|  7 | Dale       |  22  | cook       |
|  8 | Edison     |  28  | singer     |
|  9 | Harry      |  21  | magician   |
| 10 | Harriet    |  19  | pianist    |
+----+------------+------+------------+
```

由结果可以看到，INSERT 语句执行后，person 表中添加了两条记录，与前面介绍单个 INSERT 语法不同，person 表名后面没有指定插入字段列表，因此，VALUES 关键字后面的多个值列表，都要为每一条记录的每一个字段列指定插入值，并且这些值的顺序必须和 person 表中字段定义的顺序相同，带有 AUTO_INCREMENT 属性的 id 字段插入 NULL 值，系统会自动为该字段插入唯一的自增编号。

> **提 示**
>
> 一个同时插入多行记录的 INSERT 语句等同于多个单行插入的 INSERT 语句，但是多行的 INSERT 语句在处理过程中效率更高。因为 MySQL 执行单条 INSERT 语句插入多行数据比使用多条 INSERT 语句快，所以在插入多条记录时，最好选择使用单条 INSERT 语句的方式插入。

6.1.4 将查询结果插入表中

INSERT 语句用来给数据表插入记录时，指定插入记录的列值。INSERT 还可以将 SELECT 语句查询的结果插入表中，如果想要从另一个表中合并个人信息到 person 表，不需要把每一条记录的值一个一个重新输入，只需要使用一条 INSERT 语句和一条 SELECT 语句组成的组合语句，即可快速地从一个或多个表中获取数据并向一个表中插入多个行。基本语法格式如下：

```
INSERT INTO  table_name1 (column_list1)
SELECT (column_list2) FROM table_name2 WHERE (condition)
```

table_name1 指定待插入数据的表；column_list1 指定待插入表中要插入数据的哪些列；table_name2 指定插入的数据是从哪个表中查询出来的；column_list2 指定数据来源表的查询列，该列表必须和 column_list1 列表中的字段个数相同，数据类型相同；condition 指定 SELECT 语句的查询条件。

【例 6.8】从 person_old 表中查询所有的记录，并将其插入 person 表中。

首先，创建一个名为 person_old 的数据表，其表结构与 person 结构相同，SQL 语句如下：

```
CREATE TABLE person_old
(
  id     INT UNSIGNED NOT NULL AUTO_INCREMENT,
  name   CHAR(40) NOT NULL DEFAULT '',
  age    INT NOT NULL DEFAULT 0,
  info   CHAR(50) NULL,
  PRIMARY KEY (id)
);
```

向 person_old 表中添加两条记录：

```
mysql> INSERT INTO person_old
    -> VALUES (11,'Harry',20, 'student'), (12,'Beckham',31, 'police');
Query OK, 2 rows affected (0.00 sec)
Records: 2 Duplicates: 0 Warnings: 0

mysql> SELECT * FROM person_old;
+----+---------+-----+---------+
| id | name    | age | info    |
+----+---------+-----+---------+
| 11 | Harry   | 20  | student |
| 12 | Beckham | 31  | police  |
+----+---------+-----+---------+
```

可以看到，插入记录成功，peson_old 表中现在有两条记录。接下来，将 person_old 表中所有的记录插入 person 表中，SQL 语句如下：

```
INSERT INTO person(id, name, age, info)
SELECT id, name, age, info FROM person_old;
```

语句执行完毕，查看执行结果：

```
mysql> SELECT * FROM person;
```

```
+----+---------+-----+------------+
| id | name    | age | info       |
+----+---------+-----+------------+
|  1 | Green   | 21  | Lawyer     |
|  2 | Suse    | 22  | dancer     |
|  3 | Mary    | 24  | Musician   |
|  4 | Willam  | 20  | sports man |
|  5 | Laura   | 25  | NULL       |
|  6 | Evans   | 27  | secretary  |
|  7 | Dale    | 22  | cook       |
|  8 | Edison  | 28  | singer     |
|  9 | Harry   | 21  | magician   |
| 10 | Harriet | 19  | pianist    |
| 11 | Harry   | 20  | student    |
| 12 | Beckham | 31  | police     |
+----+---------+-----+------------+
```

由结果可以看到，INSERT 语句执行后，person 表中多了两条记录，这两条记录和 person_old 表中的记录完全相同，数据转移成功。这里的 id 字段为自增的主键，在插入的时候，要保证该字段值的唯一性；如果不能确定，那么可以在插入的时候忽略该字段，只插入其他字段的值。

提　示
这个例子中使用的 person_old 表和 person 表的定义相同。事实上，MySQL 不关心 SELECT 返回的列名，它根据列的位置进行插入，SELECT 的第 1 列对应待插入表的第 1 列，第 2 列对应待插入表的第 2 列，等等。即使不同结果的表之间也可以方便地转移数据。

6.2　更新数据

表中有数据之后，接下来可以对数据进行更新操作。MySQL 中使用 UPDATE 语句更新表中的记录，可以更新特定的行或者同时更新所有的行。基本语法结构如下：

```
UPDATE table_name
SET column_name1 = value1,column_name2=value2,…,column_namen=valuen
WHERE (condition);
```

column_name1,column_name2,…,column_namen 为指定更新的字段的名称，value1, value2,…,valuen 为相对应的指定字段的更新值，condition 指定更新的记录需要满足的条件。更新多个列时，每个"列-值"对之间用逗号隔开，最后一列之后不需要逗号。

【例 6.9】在 person 表中，更新 id 值为 11 的记录，将 age 字段的值改为 15，将 name 字段的值改为 LiMing，SQL 语句如下：

```
UPDATE person SET age = 15, name='LiMing' WHERE id = 11;
```

更新操作执行前，可以使用 SELECT 语句查看当前的数据：

```
mysql> SELECT * FROM person WHERE id=11;
+----+-------+-----+---------+
| id | name  | age | info    |
+----+-------+-----+---------+
| 11 | Harry |  20 | student |
+----+-------+-----+---------+
```

由结果可以看到更新之前，id 等于 11 的记录的 name 字段值为 harry，age 字段值为 20。下面使用 UPDATE 语句更新数据，语句执行结果如下：

```
mysql> UPDATE person SET age = 15, name='LiMing' WHERE id = 11;
Query OK, 1 row affected (0.00 sec)
Rows matched: 1  Changed: 1  Warnings: 0
```

语句执行完毕，查看执行结果：

```
mysql> SELECT * FROM person WHERE id=11;
+----+--------+-----+---------+
| id | name   | age | info    |
+----+--------+-----+---------+
| 11 | LiMing |  15 | student |
+----+--------+-----+---------+
```

由结果可以看到，id 等于 11 的记录中的 name 和 age 字段的值已经成功被修改为指定值。

提　示
保证 UPDATE 以 WHERE 子句结束，通过 WHERE 子句指定被更新的记录所需要满足的条件，如果忽略 WHERE 子句，MySQL 将更新表中所有的行。

【例 6.10】在 person 表中，更新 age 值为 19~22 的记录，将 info 字段值都改为 student，SQL 语句如下：

```
UPDATE person SET info='student'  WHERE id  BETWEEN 19 AND 22;
```

更新操作执行前，可以使用 SELECT 语句查看当前的数据：

```
mysql> SELECT * FROM person WHERE age BETWEEN 19 AND 22;
+----+---------+-----+------------+
| id | name    | age | info       |
+----+---------+-----+------------+
|  1 | Green   |  21 | Lawyer     |
|  2 | Suse    |  22 | dancer     |
```

```
|  4 | Willam  | 20 | sports man |
|  7 | Dale    | 22 | cook       |
|  9 | Harry   | 21 | magician   |
| 10 | Harriet | 19 | pianist    |
+----+---------+-----+------------+
```

可以看到，这些 age 字段值在 19~22 之间的记录的 info 字段的值各不相同。下面使用 UPDATE 语句更新数据，语句执行结果如下：

```
mysql> UPDATE person SET info='student' WHERE age BETWEEN 19 AND 22;
Query OK, 6 rows affected (0.00 sec)
Rows matched: 6  Changed: 6  Warnings: 0
```

语句执行完毕，查看执行结果：

```
mysql> SELECT * FROM person WHERE age BETWEEN 19 AND 22;
+----+---------+-----+---------+
| id | name    | age | info    |
+----+---------+-----+---------+
|  1 | Green   | 21 | student |
|  2 | Suse    | 22 | student |
|  4 | Willam  | 20 | student |
|  7 | Dale    | 22 | student |
|  9 | Harry   | 21 | student |
| 10 | Harriet | 19 | student |
+----+---------+-----+---------+
```

由结果可以看到，UPDATE 执行后，成功将表中符合条件的 6 条记录的 info 字段的值都改为了 student。

6.3 删除数据

从数据表中删除数据使用 DELETE 语句，DELETE 语句允许 WHERE 子句指定删除条件。DELETE 语句的基本语法格式如下：

```
DELETE FROM table_name [WHERE <condition>];
```

table_name 指定要执行删除操作的表；"[WHERE <condition>]"为可选参数，指定删除条件，如果没有 WHERE 子句，DELETE 语句就会删除表中的所有记录。

【例 6.11】在 person 表中，删除 id 等于 11 的记录，SQL 语句如下：

执行删除操作前，使用 SELECT 语句查看当前 id=11 的记录：

```
mysql> SELECT * FROM person WHERE id=11;
```

```
+----+--------+-----+---------+
| id | name   | age | info    |
+----+--------+-----+---------+
| 11 | LiMing |  15 | student |
+----+--------+-----+---------+
```

可以看到，现在表中有 id=11 的记录。下面使用 DELETE 语句删除该记录，语句执行结果如下：

```
mysql> DELETE FROM person WHERE id = 11;
Query OK, 1 row affected (0.02 sec)
```

语句执行完毕，查看执行结果：

```
mysql> SELECT * FROM person WHERE id=11;
Empty set (0.00 sec)
```

查询结果为空，说明删除操作成功。

【例 6.12】在 person 表中，使用 DELETE 语句同时删除多条记录。在前面的 UPDATE 语句中，已经将 age 字段值在 19~22 之间的记录的 info 字段值修改为 student，在这里删除这些记录，SQL 语句如下：

```
DELETE FROM person WHERE age BETWEEN 19 AND 22;
```

执行删除操作前，使用 SELECT 语句查看当前的数据：

```
mysql> SELECT * FROM person WHERE age BETWEEN 19 AND 22;
+----+-----------+-----+---------+
| id | name      | age | info    |
+----+-----------+-----+---------+
|  1 | Green     |  20 | student |
|  2 | Suse      |  21 | student |
|  4 | Willam    |  22 | student |
|  7 | Dale      |  22 | student |
|  9 | Harry     |  21 | student |
| 10 | Harriet   |  19 | student |
+----+-----------+-----+---------+
```

可以看到，这些 age 字段值在 19~22 之间的记录保存在表中。下面使用 DELETE 删除这些记录：

```
mysql> DELETE FROM person WHERE age BETWEEN 19 AND 22;
Query OK, 6 rows affected (0.00 sec)
```

语句执行完毕，查看执行结果：

```
mysql> SELECT * FROM person WHERE age BETWEEN 19 AND 22;
Empty set (0.00 sec)
```

查询结果为空，删除多条记录成功。

【例 6.13】删除 person 表中的所有记录，SQL 语句如下：

```
DELETE FROM person;
```

执行删除操作前，使用 SELECT 语句查看当前的数据：

```
mysql> SELECT * FROM person;
+----+---------+-----+-----------+
| id | name    | age | info      |
+----+---------+-----+-----------+
|  3 | Mary    |  24 | Musician  |
|  5 | Laura   |  25 | NULL      |
|  6 | Evans   |  27 | secretary |
| 12 | Beckham |  31 | police    |
+----+---------+-----+-----------+
```

结果显示 person 表中还有 4 条记录，执行 DELETE 语句删除这 4 条记录：

```
mysql> DELETE FROM person;
Query OK, 4 rows affected (0.00 sec)
```

语句执行完毕，查看执行结果：

```
mysql> SELECT * FROM person;
Empty set (0.00 sec)
```

查询结果为空，删除表中所有记录成功，现在 person 表中已经没有任何数据记录。

提　示

　　如果想删除表中的所有记录，还可以使用 TRUNCATE TABLE 语句，TRUNCATE 将直接删除原来的表，并重新创建一个表，其语法结构为 TRUNCATE TABLE table_name。TRUNCATE 直接删除表而不是删除记录，因此执行速度比 DELETE 快。

6.4 小白疑难解惑

疑问 1：插入记录时可以不指定字段名称吗？

无论使用哪种 INSERT 语法，都必须给出 VALUES 的正确数目。如果不提供字段名，就必须给每个字段提供一个值，否则将产生一条错误消息。如果要在 INSERT 操作中省略某些字段，这些字段需要满足一定条件：该列定义为允许空值，或者表定义时给出默认值，如果不给出值，将使用默认值。

疑问 2：更新或者删除表时必须指定 WHERE 子句吗？

在前面的章节中可以看到，所有的 UPDATE 和 DELETE 语句全都在 WHERE 子句中指定了条件。若省略 WHERE 子句，则 UPDATE 或 DELETE 将被应用到表中所有的行。因此，除非确实打算更新或者删除所有记录，否则要注意使用不带 WHERE 子句的 UPDATE 或 DELETE 语句。建议在对表进行更新和删除操作之前，使用 SELECT 语句确认需要删除的记录，以免造成无法挽回的结果。

6.5 习题演练

创建表 books，对数据表进行插入、更新和删除操作，掌握表数据的基本操作。books 表结构以及表中的记录如表 6.1 和表 6.2 所示。

表 6.1　books 表结构

字 段 名	字段说明	数据类型	主　键	外　键	非　空	唯　一	自　增
id	书编号	INT(11)	是	否	是	是	是
name	书名	VARCHAR(50)	否	否	是	否	否
authors	作者	VARCHAR(100)	否	否	是	否	否
price	价格	FLOAT	否	否	是	否	否
pubdate	出版日期	YEAR	否	否	是	否	否
note	说明	VARCHAR(255)	否	否	否	否	否
num	库存	INT(11)	否	否	是	否	否

表 6.2　books 表中的记录

b_id	b_name	authors	price	pubdate	discount	note	num
1	Tale of AAA	Dickes	23	1995	0.85	novel	11
2	EmmaT	Jane lura	35	1993	0.70	joke	22
3	Story of Jane	Jane Tim	40	2001	0.80	novel	0
4	Lovey Day	George Byron	20	2005	0.85	novel	30
5	Old Land	Honore Blade	30	2010	0.60	law	0
6	The Battle	Upton Sara	33	1999	0.65	medicine	40
7	Rose Hood	Richard Haggard	28	2008	0.90	cartoon	28

（1）创建数据表 books，然后插入表 6.2 中的数据。

（2）将小说类型（novel）的书的价格都增加 5。

（3）将名称为 EmmaT 的书的价格改为 40，并将说明改为 drama。

（4）删除库存为 0 的记录。

第 7 章

◀ 索　引 ▶

学习目标|Objective

　　索引用于快速找出在某个列中有一特定值的行。不使用索引，MySQL 必须从第一条记录开始读完整个表，直到找出相关的行。表越大，查询数据所花费的时间越多。如果表中查询的列有一个索引，MySQL 就能快速到达某个位置去搜寻数据文件，而不必查看所有数据。本章将介绍与索引相关的内容，包括索引的含义和特点、索引的分类、索引的设计原则以及如何创建和删除索引。

内容导航|Navigation

- 了解什么是索引
- 掌握创建索引的方法和技巧
- 熟悉如何删除索引
- 熟悉操作索引的常见问题

7.1　索引简介

　　索引是对数据库表中一列或多列的值进行排序的一种结构，使用索引可提高数据库中特定数据的查询速度。本节将介绍索引的含义、分类和设计原则。

7.1.1　索引的含义和特点

　　索引是一个单独的、存储在磁盘上的数据库结构，它们包含着对数据表里所有记录的引用指针。使用索引用于快速找出在某个或多个列中有一特定值的行，所有 MySQL 列类型都可以被索引，对相关列使用索引是提高查询操作速度很好的途径。

　　例如，数据库中有两万条记录，现在要执行这样一个查询：SELECT * FROM table where num=10000。如果没有索引，就必须遍历整个表，直到 num 等于 10000 的这一行被找到为止；

如果在 num 列上创建索引，MySQL 就不需要任何扫描，直接在索引里面找 10000，就可以得知这一行的位置。可见，索引的建立可以提高数据库的查询速度。

索引是在存储引擎中实现的，因此，每种存储引擎的索引都不一定完全相同，并且每种存储引擎也不一定支持所有索引类型。根据存储引擎定义每个表的最大索引数和最大索引长度。所有存储引擎支持每个表至少 16 个索引，总索引长度至少为 256 字节。大多数存储引擎有更高的限制。MySQL 中索引的存储类型有两种：BTREE 和 HASH，具体和表的存储引擎相关；MyISAM 和 InnoDB 存储引擎只支持 BTREE 索引；MEMORY/HEAP 存储引擎可以支持 HASH 和 BTREE 索引。

索引的优点主要有以下几条：

（1）通过创建唯一索引可以保证数据库表中每一行数据的唯一性。

（2）可以大大加快数据的查询速度，这也是创建索引的主要原因。

（3）在实现数据的参考完整性方面，可以加速表和表之间的连接。

（4）在使用分组和排序子句进行数据查询时，可以显著减少查询中分组和排序的时间。

增加索引也有许多不利的方面，主要表现在如下几个方面：

（1）创建索引和维护索引要耗费时间，并且随着数据量的增加，所耗费的时间也会增加。

（2）索引需要占磁盘空间，除了数据表占数据空间之外，每一个索引还要占一定的物理空间，如果有大量的索引，索引文件可能比数据文件更快达到最大文件尺寸。

（3）当对表中的数据进行增加、删除和修改的时候，索引也要动态地维护，这样就降低了数据的维护速度。

7.1.2　索引的分类

MySQL 的索引可以分为以下几类：

1. 普通索引和唯一索引

普通索引是 MySQL 中的基本索引类型，允许在定义索引的列中插入重复值和空值。

唯一索引，索引列的值必须唯一，但允许有空值。如果是组合索引，列值的组合就必须是唯一的。主键索引是一种特殊的唯一索引，不允许有空值。

2. 单列索引和组合索引

单列索引即一个索引只包含单个列，一个表可以有多个单列索引。

组合索引指在表的多个字段组合上创建的索引，只有在查询条件中使用了这些字段的左边字段时，索引才会被使用。使用组合索引时遵循最左前缀集合。

3. 全文索引

全文索引类型为 FULLTEXT，在定义索引的列上支持值的全文查找，允许在这些索引列中插入重复值和空值。全文索引可以在 CHAR、VARCHAR 或者 TEXT 类型的列上创建。MySQL 中只有 MyISAM 存储引擎支持全文索引。

4. 空间索引

空间索引是对空间数据类型的字段建立的索引，MySQL 中的空间数据类型有 4 种，分别是 GEOMETRY、POINT、LINESTRING 和 POLYGON。MySQL 使用 SPATIAL 关键字进行扩展，使得能够使用创建正规索引类似的语法创建空间索引。创建空间索引的列必须声明为 NOT NULL，空间索引只能在存储引擎为 MyISAM 的表中创建。

7.1.3　索引的设计原则

索引设计不合理或者缺少索引都会对数据库和应用程序的性能造成障碍。高效的索引对于获得良好的性能非常重要。设计索引时，应该考虑以下准则：

（1）索引并非越多越好，一个表中如有大量的索引，不仅占用磁盘空间，而且会影响 INSERT、DELETE、UPDATE 等语句的性能，因为当表中的数据更改的同时，索引也会进行调整和更新。

（2）避免对经常更新的表进行过多的索引，并且索引中的列尽可能少。而对经常用于查询的字段应该创建索引，但要避免添加不必要的字段。

（3）数据量小的表最好不要使用索引，由于数据较少，查询花费的时间可能比遍历索引的时间还要短，索引可能不会产生优化效果。

（4）在条件表达式中经常用到的不同值较多的列上建立索引，在不同值很少的列上不要建立索引。比如在学生表的"性别"字段上只有"男"与"女"两个不同的值，因此无须建立索引。建立索引不但不会提高查询效率，反而会严重降低数据更新速度。

（5）当唯一性是某种数据本身的特征时，指定唯一索引。使用唯一索引需能确保定义的列的数据完整性，以提高查询速度。

（6）在频繁进行排序或分组（进行 group by 或 order by 操作）的列上建立索引时，如果待排序的列有多个，就可以在这些列上建立组合索引。

7.2　创建索引

MySQL 支持多种方法在单个或多个列上创建索引：在创建表的定义语句 CREATE TABLE 中指定索引列，使用 ALTER TABLE 语句在存在的表上创建索引，或者使用 CREATE INDEX 语句在已存在的表上添加索引。本节将详细介绍这 3 种方法。

7.2.1　创建表的时候创建索引

使用 CREATE TABLE 创建表时，除了可以定义列的数据类型外，还可以定义主键约束、外键约束或者唯一性约束，而不论创建哪种约束，在定义约束的同时相当于在指定列上创建了一个索引。创建表时创建索引的基本语法格式如下：

```
CREATE  TABLE  table_name [col_name data_type]
[UNIQUE|FULLTEXT|SPATIAL] [INDEX|KEY] [index_name] (col_name [length]) [ASC
| DESC]
```

UNIQUE、FULLTEXT 和 SPATIAL 为可选参数，分别表示唯一索引、全文索引和空间索引；INDEX 与 KEY 为同义词，两者的作用相同，用来指定创建索引；col_name 为需要创建索引的字段列，该列必须从数据表中定义的多个列中选择；index_name 指定索引的名称，为可选参数，如果不指定，MySQL 就默认 col_name 为索引值；length 为可选参数，表示索引的长度，只有字符串类型的字段才能指定索引长度；ASC 或 DESC 指定升序或者降序的索引值存储。

1. 创建普通索引

基本的索引类型，没有唯一性之类的限制，其作用只是加快对数据的访问速度。

【例 7.1】在 book 表中的 year_publication 字段上建立普通索引，SQL 语句如下：

```
CREATE TABLE book
(
  bookid              INT NOT NULL,
  bookname            VARCHAR(255) NOT NULL,
  authors             VARCHAR(255) NOT NULL,
  info                VARCHAR(255) NULL,
  comment             VARCHAR(255) NULL,
  year_publication    YEAR NOT NULL,
  INDEX(year_publication)
);
```

该语句执行完毕之后，使用 SHOW CREATE TABLE 查看表结构：

```
mysql> SHOW CREATE table book \G
*************************** 1. row ***************************
      Table: book
Create Table: CREATE TABLE `book` (
  `bookid` int(11) NOT NULL,
  `bookname` varchar(255) NOT NULL,
  `authors` varchar(255) NOT NULL,
  `info` varchar(255) DEFAULT NULL,
  `comment` varchar(255) DEFAULT NULL,
  `year_publication` year(4) NOT NULL,
```

```
    KEY `year_publication` (`year_publication`)
) ENGINE=InnoDB DEFAULT CHARSET=utf8mb4 COLLATE=utf8mb4_0900_ai_ci
```

由结果可以看到，book1 表的 year_publication 字段上成功建立索引，其索引名称 year_publication 为 MySQL 自动添加的。使用 EXPLAIN 语句查看索引是否正在使用：

```
mysql> EXPLAIN SELECT * FROM book WHERE year_publication=1990 \G
*************************** 1. row ***************************
         id: 1
  select_type: SIMPLE
      table: book
       type: ref
possible_keys: year_publication
        key: year_publication
    key_len: 1
        ref: const
       rows: 1
      Extra: Using index condition
```

EXPLAIN 语句输出结果的各个行解释如下：

（1）select_type 行指定所使用的 SELECT 查询类型，这里值为 SIMPLE，表示简单的 SELECT，不使用 UNION 或子查询。其他可能的取值有：PRIMARY、UNION、SUBQUERY 等。

（2）table 行指定数据库读取的数据表的名字，它们按被读取的先后顺序排列。

（3）type 行指定了本数据表与其他数据表之间的关联关系，可能的取值有 system、const、eq_ref、ref、range、index 和 All。

（4）possible_keys 行给出了 MySQL 在搜索数据记录时可选用的各个索引。

（5）key 行是 MySQL 实际选用的索引。

（6）key_len 行给出索引按字节计算的长度，key_len 数值越小，表示越快。

（7）ref 行给出了关联关系中另一个数据表里的数据列的名字。

（8）rows 行是 MySQL 在执行这个查询时预计会从这个数据表里读出的数据行的个数。

（9）Extra 行提供了与关联操作有关的信息。

可以看到，possible_keys 和 key 的值都为 year_publication，查询时使用了索引。

2. 创建唯一索引

创建唯一索引的主要原因是减少查询索引列操作的执行时间，尤其是对比较庞大的数据表。它与前面的普通索引类似，不同的就是：索引列的值必须唯一，但允许有空值。如果是组合索引，列值的组合就必须唯一。

【例 7.2】创建一个表 t1，在表中的 id 字段上使用 UNIQUE 关键字创建唯一索引。

```
CREATE TABLE t1
(
 id   INT NOT NULL,
 name CHAR(30) NOT NULL,
 UNIQUE INDEX UniqIdx(id)
);
```

该语句执行完毕之后，使用 SHOW CREATE TABLE 查看表结构：

```
mysql> SHOW CREATE table t1 \G
*************************** 1. row ***************************
      Table: t1
Create Table: CREATE TABLE `t1` (
  `id` int(11) NOT NULL,
  `name` char(30) NOT NULL,
  UNIQUE KEY `UniqIdx` (`id`)
) ENGINE=InnoDB DEFAULT CHARSET=utf8mb4 COLLATE=utf8mb4_0900_ai_ci
1 row in set (0.00 sec)
```

由结果可以看到，id 字段上已经成功建立了一个名为 UniqIdx 的唯一索引。

3. 创建单列索引

单列索引是在数据表中的某一个字段上创建的索引，一个表中可以创建多个单列索引。前面两个例子中创建的索引都为单列索引。

【例 7.3】创建一个表 t2，在表中的 name 字段上创建单列索引。

表结构如下：

```
CREATE TABLE t2
(
 id   INT NOT NULL,
 name CHAR(50) NULL,
 INDEX SingleIdx(name(20))
);
```

该语句执行完毕之后，使用 SHOW CREATE TABLE 查看表结构：

```
mysql> SHOW CREATE table t2 \G
*************************** 1. row ***************************
      Table: t2
Create Table: CREATE TABLE `t2` (
  `id` int(11) NOT NULL,
  `name` char(50) DEFAULT NULL,
  KEY `SingleIdx` (`name`(20))
) ENGINE=InnoDB DEFAULT CHARSET=utf8mb4 COLLATE=utf8mb4_0900_ai_ci
```

由结果可以看到，id 字段上已经成功建立了一个名为 SingleIdx 的单列索引，索引长度为 20。

4. 创建组合索引

组合索引是在多个字段上创建一个索引。

【例 7.4】创建表 t3，在表中的 id、name 和 age 字段上建立组合索引，SQL 语句如下：

```
CREATE TABLE t3
(
  id   INT(11) NOT NULL,
  name CHAR(30) NOT NULL,
  age  INT(11) NOT NULL,
  info VARCHAR(255),
  INDEX MultiIdx(id, name, age)
);
```

该语句执行完毕之后，使用 SHOW CREATE TABLE 查看表结构：

```
mysql> SHOW CREATE table t3 \G
*** 1. row ***
      Table: t3
CREATE Table: CREATE TABLE `t3` (
  `id` int(11) NOT NULL,
  `name` char(30) NOT NULL,
  `age` int(11) NOT NULL,
  `info` varchar(255) DEFAULT NULL,
  KEY `MultiIdx` (`id`,`name`,`age`)
) ENGINE=InnoDB DEFAULT CHARSET=utf8mb4 COLLATE=utf8mb4_0900_ai_ci
```

由结果可以看到，id、name 和 age 字段上已经成功建立了一个名为 MultiIdx 的组合索引。

组合索引可起几个索引的作用，但是使用时并不是随便查询哪个字段都可以使用索引，而是遵从"最左前缀"：利用索引中最左边的列集来匹配行，这样的列集称为最左前缀。例如，这里由 id、name 和 age 三个字段构成的索引，索引行中按 id/name/age 的顺序存放，索引可以搜索这些字段组合：（id, name, age）、（id, name）或者 id。如果列不构成索引最左面的前缀，MySQL 就不能使用局部索引，如（age）或者（name,age）组合就不能使用索引查询。

在 t3 表中，查询 id 和 name 字段，使用 EXPLAIN 语句查看索引的使用情况：

```
mysql> EXPLAIN SELECT * FROM t3 WHERE id=1 AND name='joe' \G
*** 1. row ***
         id: 1
  select_type: SIMPLE
        table: t3
         type: ref
possible_keys: MultiIdx
```

```
          key: MultiIdx
      key_len: 94
          ref: const,const
         rows: 1
        Extra: Using where
```

可以看到，查询 id 和 name 字段时，使用了名称 MultiIdx 的索引，如果查询（name,age）组合或者单独查询 name 和 age 字段，结果如下：

```
*** 1. row ***
           id: 1
  select_type: SIMPLE
        table: t3
         type: ALL
possible_keys: NULL
          key: NULL
      key_len: NULL
          ref: NULL
         rows: 1
        Extra: Using where
```

此时，possible_keys 和 key 值为 NULL，并没有使用在 t3 表中创建的索引进行查询。

5. 创建全文索引

FULLTEXT 全文索引可以用于全文搜索。只有 MyISAM 存储引擎支持 FULLTEXT 索引，并且只为 CHAR、VARCHAR 和 TEXT 列创建索引。索引总是对整个列进行，不支持局部（前缀）索引。

【例 7.5】创建表 t4，在表中的 info 字段上建立全文索引，SQL 语句如下：

```
CREATE TABLE t4
(
 id   INT NOT NULL,
 name CHAR(30) NOT NULL,
 age  INT NOT NULL,
 info VARCHAR(255),
 FULLTEXT INDEX FullTxtIdx(info)
) ENGINE=MyISAM;
```

提 示
因为在 MySQL 8.0 中默认存储引擎为 InnoDB，所以在这里创建表时需要修改表的存储引擎为 MyISAM，不然创建索引会出错。

语句执行完毕之后，使用 SHOW CREATE TABLE 查看表结构：

```
mysql> SHOW CREATE table t4 \G
```

```
*************************** 1. row ***************************
      Table: t4
Create Table: CREATE TABLE `t4` (
  `id` int(11) NOT NULL,
  `name` char(30) NOT NULL,
  `age` int(11) NOT NULL,
  `info` varchar(255) DEFAULT NULL,
  FULLTEXT KEY `FullTxtIdx` (`info`)
) ENGINE=MyISAM DEFAULT CHARSET=utf8mb4 COLLATE=utf8mb4_0900_ai_ci
```

由结果可以看到，info 字段上已经成功建立了一个名为 FullTxtIdx 的 FULLTEXT 索引。全文索引非常适合大型数据集，对于小的数据集，它的用处比较小。

6. 创建空间索引

空间索引必须在 MyISAM 类型的表中创建，且空间类型的字段必须为非空。

【例 7.6】创建表 t5，在空间类型为 GEOMETRY 的字段上创建空间索引，SQL 语句如下：

```
CREATE TABLE t5
(
  g GEOMETRY NOT NULL,
  SPATIAL INDEX spatIdx(g)
)ENGINE=MyISAM;
```

该语句执行完毕之后，使用 SHOW CREATE TABLE 查看表结构：

```
mysql> SHOW CREATE table t5 \G
*** 1. row ***
      Table: t5
CREATE Table: CREATE TABLE `t5` (
  `g` geometry NOT NULL,
  SPATIAL KEY `spatIdx` (`g`)
) ENGINE=MyISAM DEFAULT CHARSET=utf8mb4 COLLATE=utf8mb4_0900_ai_ci
```

可以看到，t5 表的 g 字段上创建了名称为 spatIdx 的空间索引。注意创建时指定空间类型字段值的非空约束，并且表的存储引擎为 MyISAM。

7.2.2 在已经存在的表上创建索引

在已经存在的表中创建索引，可以使用 ALTER TABLE 语句或者 CREATE INDEX 语句。本节将介绍如何使用 ALTER TABLE 和 CREATE INDEX 语句在已知表字段上创建索引。

1. 使用 ALTER TABLE 语句创建索引

使用 ALTER TABLE 语句创建索引的基本语法如下：

```
ALTER TABLE table_name  ADD [UNIQUE|FULLTEXT|SPATIAL]  [INDEX|KEY]
```

```
[index_name] (col_name[length],…) [ASC | DESC]
```

与创建表时创建索引的语法不同的是，在这里使用了 ALTER TABLE 和 ADD 关键字，ADD 表示向表中添加索引。

【例 7.7】在 book 表中的 bookname 字段上建立名为 BkNameIdx 的普通索引。

添加索引之前，使用 SHOW INDEX 语句查看指定表中创建的索引：

```
mysql> SHOW INDEX FROM book \G
*** 1. Row ***
        Table: book
   Non_unique: 1
     Key_name: year_publication
  Seq_in_index: 1
  Column_name: year_publication
    Collation: A
  Cardinality: 0
     Sub_part: NULL
       Packed: NULL
         Null:
   Index_type: BTREE
      Comment:
Index_comment:
```

其中各个主要参数的含义为：

（1）Table 表示创建索引的表。

（2）Non_unique 表示索引非唯一，1 代表非唯一索引，0 代表唯一索引。

（3）Key_name 表示索引的名称。

（4）Seq_in_index 表示该字段在索引中的位置，单列索引该值为 1，组合索引为每个字段在索引定义中的顺序。

（5）Column_name 表示定义索引的列字段。

（6）Sub_part 表示索引的长度。

（7）Null 表示该字段是否能为空值。

（8）Index_type 表示索引类型。

可以看到，book 表中已经存在了一个索引，即前面已经定义的名称为 year_publication 的索引，该索引为非唯一索引。

下面使用 ALTER TABLE 在 bookname 字段上添加索引，SQL 语句如下：

```
ALTER TABLE book ADD INDEX BkNameIdx( bookname(30) );
```

使用 SHOW INDEX 语句查看表中的索引：

```
mysql> SHOW INDEX FROM book \G
```

```
*** 1. Row ***
        Table: book
   Non_unique: 1
     Key_name: year_publication
 Seq_in_index: 1
  Column_name: year_publication
    Collation: A
  Cardinality: 0
     Sub_part: NULL
       Packed: NULL
         Null:
   Index_type: BTREE
      Comment:
Index_comment:
*** 2. Row ***
        Table: book
   Non_unique: 1
     Key_name: BkNameIdx
 Seq_in_index: 1
  Column_name: bookname
    Collation: A
  Cardinality: 0
     Sub_part: 30
       Packed: NULL
         Null:
   Index_type: BTREE
      Comment:
Index_comment:
```

可以看到，现在表中已经有了两个索引，其中一个是我们通过 ALTER TABLE 语句添加的名称为 BkNameIdx 的索引，该索引为非唯一索引，长度为 30。

【例 7.8】在 book 表的 bookId 字段上建立名称为 UniqidIdx 的唯一索引，SQL 语句如下：

```
ALTER TABLE book ADD UNIQUE INDEX UniqidIdx ( bookId );
```

使用 SHOW INDEX 语句查看表中的索引：

```
mysql> SHOW INDEX FROM book \G
*** 1. Row ***
        Table: book
   Non_unique: 0
     Key_name: UniqidIdx
 Seq_in_index: 1
  Column_name: bookid
    Collation: A
  Cardinality: 0
```

```
     Sub_part: NULL
       Packed: NULL
         Null:
   Index_type: BTREE
      Comment:
Index_comment:
```

可以看到 Non_unique 属性值为 0，表示名称为 UniqidIdx 的索引为唯一索引，创建唯一索引成功。

【例 7.9】在 book 表的 comment 字段上建立单列索引，SQL 语句如下：

```
ALTER TABLE book ADD INDEX BkcmtIdx ( comment(50) );
```

使用 SHOW INDEX 语句查看表中的索引：

```
*** 3. Row ***
        Table: book
   Non_unique: 1
     Key_name: BkcmtIdx
  Seq_in_index: 1
  Column_name: comment
    Collation: A
  Cardinality: 0
     Sub_part: 50
       Packed: NULL
         Null: YES
   Index_type: BTREE
      Comment:
Index_comment:
```

可以看到，语句执行之后在 book 表的 comment 字段上建立了名称为 BkcmgIdx 的索引，长度为 50，在查询时，只需要检索前 50 个字符。

【例 7.10】在 book 表的 authors 和 info 字段上建立组合索引，SQL 语句如下：

```
ALTER TABLE book ADD INDEX BkAuAndInfoIdx ( authors(30),info(50) );
```

使用 SHOW INDEX 语句查看表中的索引：

```
mysql> SHOW INDEX FROM book \G
*** 4. Row ***
        Table: book
   Non_unique: 1
     Key_name: BkAuAndInfoIdx
  Seq_in_index: 1
  Column_name: authors
    Collation: A
  Cardinality: 0
```

```
       Sub_part: 30
         Packed: NULL
           Null:
     Index_type: BTREE
        Comment:
  Index_comment:
*** 5. Row ***
          Table: book
     Non_unique: 1
       Key_name: BkAuAndInfoIdx
   Seq_in_index: 2
    Column_name: info
      Collation: A
    Cardinality: 0
       Sub_part: 50
         Packed: NULL
           Null: YES
     Index_type: BTREE
        Comment:
  Index_comment:
```

可以看到名称为 BkAuAndInfoIdx 的索引由两个字段组成，authors 字段长度为 30，在组合索引中的序号为 1，该字段不允许为空值（NULL）；info 字段长度为 50，在组合索引中的序号为 2，该字段可以为空值（NULL）。

【例 7.11】创建表 t6，在 t6 表上使用 ALTER TABLE 创建全文索引，SQL 语句如下：

首先创建表 t6，语句如下：

```
CREATE TABLE t6
(
    id    INT NOT NULL,
    info  CHAR(255)
) ENGINE=MyISAM;
```

注意语句中修改 ENGINE 参数为 MyISAM，MySQL 默认引擎 InnoDB 不支持全文索引。

使用 ALTER TABLE 语句在 info 字段上创建全文索引：

```
ALTER TABLE t6 ADD FULLTEXT INDEX infoFTIdx ( info );
```

使用 SHOW INDEX 语句查看索引：

```
mysql> SHOW index from t6 \G
** 1. Row ***
       Table: t6
  Non_unique: 1
    Key_name: infoFTIdx
```

```
      Seq_in_index: 1
       Column_name: info
         Collation: NULL
       Cardinality: NULL
          Sub_part: NULL
            Packed: NULL
              Null: YES
        Index_type: FULLTEXT
           Comment:
     ndex_comment:
```

可以看到，t6 表中已经创建了名称为 infoFTIdx 的索引，该索引在 info 字段上创建，类型为 FULLTEXT，允许空值。

【例 7.12】创建表 t7，在表 t7 的空间数据类型字段 g 上创建名称为 spatIdx 的空间索引，SQL 语句如下：

```
CREATE TABLE t7 ( g GEOMETRY NOT NULL )ENGINE=MyISAM;
```

使用 ALTER TABLE 在表 t7 的 g 字段上建立空间索引：

```
ALTER TABLE t7 ADD SPATIAL INDEX spatIdx(g);
```

使用 SHOW INDEX 语句查看索引：

```
mysql> SHOW index from t7 \G
*** 1. Row ***
             Table: t7
        Non_unique: 1
          Key_name: spatIdx
      Seq_in_index: 1
       Column_name: g
         Collation: A
       Cardinality: NULL
          Sub_part: 32
            Packed: NULL
              Null:
        Index_type: SPATIAL
           Comment:
     Index_comment:
```

可以看到，t7 表的 g 字段上创建了名称为 spatIdx 的空间索引。

2. 使用 CREATE INDEX 创建索引

CREATE INDEX 语句可以在已经存在的表上添加索引，MySQL 中 CREATE INDEX 被映射到一个 ALTER TABLE 语句上，基本语法结构如下：

```
CREATE [UNIQUE|FULLTEXT|SPATIAL] INDEX index_name
ON table_name (col_name[length],…) [ASC | DESC]
```

可以看到，CREATE INDEX 语句和 ALTER INDEX 语句的语法基本一样，只是关键字不同。

在这里，使用相同的表 book，假设该表中没有任何索引值，创建 book 表的语句如下：

```
CREATE TABLE book
(
    bookid              INT NOT NULL,
    bookname            VARCHAR(255) NOT NULL,
    authors             VARCHAR(255) NOT NULL,
    info                VARCHAR(255) NULL,
    comment             VARCHAR(255) NULL,
    year_publication    YEAR NOT NULL
);
```

> **提　示**
>
> 读者可以将该数据库中的 book 表删除，按上面的语句重新建立，然后再进行下面的操作。

【例 7.13】在 book 表的 bookname 字段上建立名为 BkNameIdx 的普通索引，SQL 语句如下：

```
CREATE INDEX BkNameIdx ON book(bookname);
```

语句执行完毕之后，将在 book 表中创建名称为 BkNameIdx 的普通索引。读者可以使用 SHOW INDEX 或者 SHOW CREATE TABLE 语句查看 book 表中的索引，其索引内容与前面介绍的相同。

【例 7.14】在 book 表的 bookId 字段上建立名称为 UniqidIdx 的唯一索引，SQL 语句如下：

```
CREATE UNIQUE INDEX UniqidIdx  ON book ( bookId );
```

语句执行完毕之后，将在 book 表中创建名称为 UniqidIdx 的唯一索引。

【例 7.15】在 book 表的 comment 字段上建立单列索引，SQL 语句如下：

```
CREATE INDEX BkcmtIdx ON book(comment(50) );
```

语句执行完毕之后，将在 book 表的 comment 字段上建立一个名为 BkcmtIdx 的单列索引，长度为 50。

【例 7.16】在 book 表的 authors 和 info 字段上建立组合索引，SQL 语句如下：

```
CREATE INDEX BkAuAndInfoIdx ON book ( authors(20),info(50) );
```

语句执行完毕之后，将在 book 表的 authors 和 info 字段上建立一个名为 BkAuAndInfoIdx

的组合索引，authors 的索引序号为 1，长度为 20，info 的索引序号为 2，长度为 50。

【例 7.17】删除表 t6，重新建立表 t6，在 t6 表中使用 CREATE INDEX 语句，在 CHAR 类型的 info 字段上创建全文索引，SQL 语句如下：

首先删除表 t6，并重新建立该表，分别输入下面的语句：

```
mysql> drop table t6;
Query OK, 0 rows affected (0.00 sec)

mysql> CREATE TABLE t6
    -> (
    -> id    INT NOT NULL,
    -> info  CHAR(255)
    -> ) ENGINE=MyISAM;
Query OK, 0 rows affected (0.00 sec)
```

使用 CREATE INDEX 在 t6 表的 info 字段上创建名称为 infoFTIdx 的全文索引：

```
CREATE FULLTEXT INDEX infoFTIdx ON t6(info);
```

语句执行完毕之后，将在 t6 表中创建名称为 infoFTIdx 的索引，该索引在 info 字段上创建，类型为 FULLTEXT，允许空值。

【例 7.18】删除表 t7，重新创建表 t7，在 t7 表中使用 CREATE INDEX 语句，在空间数据类型字段 g 上创建名称为 spatIdx 的空间索引，SQL 语句如下：

首先删除表 t7，并重新建立该表，分别输入下面的语句：

```
mysql> drop table t7;
Query OK, 0 rows affected (0.00 sec)

mysql> CREATE TABLE t7 ( g GEOMETRY NOT NULL )ENGINE=MyISAM;
Query OK, 0 rows affected (0.00 sec)
```

使用 CREATE INDEX 语句在表 t7 的 g 字段建立空间索引：

```
CREATE SPATIAL INDEX spatIdx ON t7 (g);
```

语句执行完毕之后，将在 t7 表中创建名称为 spatIdx 的空间索引，该索引在 g 字段上创建。

7.3　删除索引

在 MySQL 中，删除索引使用 ALTER TABLE 或者 DROP INDEX 语句，两者可实现相同的功能，DROP INDEX 语句在内部被映射到一个 ALTER TABLE 语句中。

1. 使用 ALTER TABLE 语句删除索引

使用 ALTER TABLE 语句删除索引的基本语法格式如下：

```
ALTER TABLE table_name DROP INDEX index_name;
```

【例 7.19】删除 book 表中的名称为 UniqidIdx 的唯一索引，SQL 语句如下：

首先查看 book 表中是否有名称为 UniqidIdx 的索引，输入 SHOW 语句如下：

```
mysql> SHOW CREATE table book \G
*** 1. row ***
      Table: book
CREATE Table: CREATE TABLE `book` (
  `bookid` int(11) NOT NULL,
  `bookname` varchar(255) NOT NULL,
  `authors` varchar(255) NOT NULL,
  `info` varchar(255) DEFAULT NULL,
  `year_publication` year(4) NOT NULL,
  UNIQUE KEY `UniqidIdx` (`bookid`),
  KEY `BkNameIdx` (`bookname`),
  KEY `BkAuAndInfoIdx` (`authors`(20),`info`(50))
) ENGINE=InnoDB DEFAULT CHARSET=utf8mb4 COLLATE=utf8mb4_0900_ai_ci
```

从查询结果可以看到，book 表中有名称为 UniqidIdx 的唯一索引，该索引在 bookid 字段上创建。下面删除该索引，输入的删除语句如下：

```
mysql> ALTER TABLE book DROP INDEX UniqidIdx;
Query OK, 0 rows affected (0.02 sec)
Records: 0  Duplicates: 0  Warnings: 0
```

语句执行完毕，使用 SHOW 语句查看索引是否被删除：

```
mysql> SHOW CREATE table book \G
*** 1. row ***
      Table: book
CREATE Table: CREATE TABLE `book` (
  `bookid` int(11) NOT NULL,
  `bookname` varchar(255) NOT NULL,
  `authors` varchar(255) NOT NULL,
  `info` varchar(255) DEFAULT NULL,
  `year_publication` year(4) NOT NULL,
  KEY `BkNameIdx` (`bookname`),
  KEY `BkAuAndInfoIdx` (`authors`(20),`info`(50))
) ENGINE=InnoDB DEFAULT CHARSET=utf8mb4 COLLATE=utf8mb4_0900_ai_ci
```

由结果可以看到，book 表中已经没有名称为 uniqidIdx 的唯一索引，删除索引成功。

提 示
添加 AUTO_INCREMENT 约束字段的唯一索引不能被删除。

2. 使用 DROP INDEX 语句删除索引

DROP INDEX 删除索引的基本语法格式如下:

```
DROP INDEX index_name ON table_name;
```

【例 7.20】删除 book 表中名称为 BkAuAndInfoIdx 的组合索引,SQL 语句如下:

```
mysql> DROP INDEX BkAuAndInfoIdx ON book;
Query OK, 0 rows affected (0.02 sec)
Records: 0  Duplicates: 0  Warnings: 0
```

语句执行完毕,使用 SHOW 语句查看索引是否被删除:

```
mysql> SHOW CREATE table book \G
*** 1. row ***
        Table: book
CREATE Table: CREATE TABLE `book` (
  `bookid` int(11) NOT NULL,
  `bookname` varchar(255) NOT NULL,
  `authors` varchar(255) NOT NULL,
  `info` varchar(255) DEFAULT NULL,
  `year_publication` year(4) NOT NULL,
  KEY `BkNameIdx` (`bookname`)
) ENGINE=InnoDB DEFAULT CHARSET=utf8
1 row in set (0.00 sec)
```

可以看到,book 表中已经没有名称为 BkAuAndInfoIdx 的组合索引,删除索引成功。

提 示
删除表中的列时,如果要删除的列为索引的组成部分,该列就会从索引中删除。如果组成索引的所有列都被删除,整个索引就会被删除。

7.4 小白疑难解惑

疑问 1:索引对数据库性能如此重要,应该如何使用它?

为数据库选择正确的索引是一项复杂的任务。若索引列较少,则需要的磁盘空间和维护开销都较少。如果在一个大表上创建了多种组合索引,索引文件就会膨胀得很快。而另一方面,索引较多可覆盖更多的查询。可能需要试验若干不同的设计,才能找到最有效的索引。

可以添加、修改和删除索引而不影响数据库架构或应用程序设计。因此，应尝试多个不同的索引从而建立最优的索引。

疑问 2: 为什么尽量使用短索引?

对字符串类型的字段进行索引，如果可能应该指定一个前缀长度。例如，如果有一个CHAR(255)的列，在前 10 个或 30 个字符内，多数值是惟一的，就不需要对整个列进行索引。短索引不仅可以提高查询速度，而且可以节省磁盘空间，减少 I/O 操作。

7.5 习题演练

创建数据库 index_test，按照表 7.1 和表 7.2 的表结构在 index_test 数据库中创建两个数据表 test_table1 和 test_table2，并按照操作过程完成对数据表的基本操作。

表 7.1　test_table1 表结构

字 段 名	数据类型	主　键	外　键	非　空	唯　一	自　增
id	INT(11)	否	否	是	是	是
name	CHAR(100)	否	否	是	否	否
address	CHAR(100)	否	否	否	否	否
description	CHAR(100)	否	否	否	否	否

表 7.2　test_table2 表结构

字 段 名	数据类型	主　键	外　键	非　空	唯　一	自　增
id	INT(11)	是	否	是	是	否
firstname	CHAR(50)	否	否	是	否	否
middlename	CHAR(50)	否	否	是	否	否
lastname	CHAR(50)	否	否	是	否	否
birth	DATE	否	否	是	否	否
title	CHAR(100)	否	否	否	否	否

（1）创建数据库 index_test。

（2）创建表 test_table1。

（3）创建表 test_table2，存储引擎为 MyISAM。

（4）使用 ALTER TABLE 语句在表 test_table2 的 birth 字段上建立名称为 ComDateIdx 的普通索引。

（5）使用 CREATE INDEX 在 title 字段上建立名称为 FTIdx 的全文索引。

（6）使用 ALTER TABLE 语句删除表 test_table1 中名称为 UniqIdx 的唯一索引。

（7）使用 DROP INDEX 语句删除表 test_table2 中名称为 ComDateIdx 的普通索引。

第 8 章
◀ 视 图 ▶

学习目标!Objective

数据库中的视图是一个虚拟表。同真实的表一样，视图包含一系列带有名称的行和列数据。行和列数据用来自由定义视图查询所引用的表，并且在引用视图时动态生成。本章将通过一些实例来介绍视图的含义、视图的作用、创建视图、查看视图、修改视图、更新视图和删除视图等 MySQL 的数据库知识。

内容导航!Navigation

- 了解视图的含义和作用
- 掌握创建视图的方法
- 熟悉如何查看视图
- 掌握修改视图的方法
- 掌握更新视图的方法
- 掌握删除视图的方法

8.1 视图概述

视图是从一个或者多个表中导出的，视图的行为与表非常相似，但视图是一个虚拟表。在视图中，用户可以使用 SELECT 语句查询数据，以及使用 INSERT、UPDATE 和 DELETE 修改记录。从 MySQL 5.0 开始可以使用视图，视图可以方便用户操作，而且可以保障数据库系统的安全。

8.1.1 视图的含义

视图是一个虚拟表，是从数据库中一个或多个表中导出来的表。视图还可以在已经存在的视图的基础上定义。

视图一经定义便存储在数据库中，与其相对应的数据并没有像表那样在数据库中再存储一份，通过视图看到的数据只是存放在基本表中的数据。对视图的操作与对表的操作一样，可以对其进行查询、修改和删除。当对通过视图看到的数据进行修改时，相应的基本表的数据也要发生变化；同时，若基本表的数据发生变化，则这种变化可以自动反映到视图中。

下面有一个 student 表和一个 stu_info 表，在 student 表中包含学生的 id 号和姓名，stu_info 表中包含学生的 id 号、班级和家庭住址，而现在公布分班信息，只需要 id 号、姓名和班级，这该如何解决？通过学习后面的内容就可以找到完美的解决方案。

表设计如下：

```
CREATE TABLE student
(
  s_id  INT,
  name  VARCHAR(40)
);

CREATE TABLE stu_info
(
  s_id   INT,
  glass  VARCHAR(40),
  addr   VARCHAR(90)
);
```

通过 DESC 命令可以查看表的设计，可以获得字段、字段的定义、是否为主键、是否为空、默认值和扩展信息。

视图提供了一个很好的解决方法，创建一个视图，这些信息来自表的部分信息，其他的信息不取，这样既能满足要求又不破坏表原来的结构。

8.1.2 视图的作用

与直接从数据表中读取相比，视图有以下优点：

1. 简单化

看到的就是需要的。视图不仅可以简化用户对数据的理解，也可以简化他们的操作。那些被经常使用的查询可以被定义为视图，从而使得用户不必为以后的操作每次指定全部的条件。

2. 安全性

通过视图，用户只能查询和修改他们所能见到的数据。数据库中的其他数据既看不见又取不到。数据库授权命令可以使每个用户对数据库的检索限制到特定的数据库对象上，但不能授权到数据库特定的行和特定的列上。通过视图，用户可以被限制在数据的不同子集上：

（1）使用权限可被限制在基表的行的子集上。

（2）使用权限可被限制在基表的列的子集上。

（3）使用权限可被限制在基表的行和列的子集上。

（4）使用权限可被限制在多个基表的连接所限定的行上。

（5）使用权限可被限制在基表中的数据的统计汇总上。

（6）使用权限可被限制在另一视图的一个子集上，或者一些视图和基表合并后的子集上。

3. 逻辑数据独立性

视图可帮助用户屏蔽真实表结构变化带来的影响。

8.2　创建视图

视图中包含 SELECT 查询的结果，因此视图的创建基于 SELECT 语句和已存在的数据表，视图可以建立在一张表上，也可以建立在多张表上。本节主要介绍创建视图的方法。

8.2.1　创建视图的语法形式

创建视图使用 CREATE VIEW 语句，基本语法格式如下：

```
CREATE [OR REPLACE] [ALGORITHM = {UNDEFINED | MERGE | TEMPTABLE}]
VIEW view_name [(column_list)]
AS SELECT_statement
[WITH [CASCADED | LOCAL] CHECK OPTION]
```

其中，CREATE 表示创建新的视图；REPLACE 表示替换已经创建的视图；ALGORITHM 表示视图选择的算法；view_name 为视图的名称，column_list 为属性列；SELECT_statement 表示 SELECT 语句；WITH [CASCADED | LOCAL] CHECK OPTION 参数表示视图在更新时保证在视图的权限范围之内。

ALGORITHM 的取值有 3 个，分别是 UNDEFINED、MERGE 和 TEMPTABLE，UNDEFINED 表示 MySQL 将自动选择算法；MERGE 表示将使用的视图语句与视图定义合并起来，使得视图定义的某一部分取代语句对应的部分；TEMPTABLE 表示将视图的结果存入临时表，然后用临时表来执行语句。

CASCADED 与 LOCAL 为可选参数，CASCADED 为默认值，表示更新视图时要满足所有相关视图和表的条件；LOCAL 表示更新视图时满足该视图本身定义的条件即可。

该语句要求具有针对视图的 CREATE VIEW 权限，以及针对由 SELECT 语句选择的每一列上的某些权限。对于在 SELECT 语句中其他地方使用的列，必须具有 SELECT 权限。如果还有 OR REPLACE 子句，就必须在视图上具有 DROP 权限。

　　视图属于数据库。在默认情况下，将在当前数据库创建新视图。要想在给定数据库中明确创建视图，创建时应将名称指定为 db_name.view_name。

8.2.2　在单表上创建视图

MySQL 可以在单个数据表上创建视图。

【例 8.1】在 t 表上创建一个名为 view_t 的视图，代码如下：

首先创建基本表并插入数据，语句如下：

```
CREATE TABLE t (quantity INT, price INT);
INSERT INTO t VALUES(3, 50);
```

创建视图语句为：

```
CREATE VIEW view_t AS SELECT quantity, price, quantity *price FROM t;
```

查询视图，执行如下：

```
mysql> SELECT * FROM view_t;
+----------+-------+-----------------+
| quantity | price | quantity *price |
+----------+-------+-----------------+
|        3 |    50 |             150 |
+----------+-------+-----------------+
```

默认情况下，创建的视图和基本表的字段是一样的，也可以通过指定视图字段的名称来创建视图。

【例 8.2】在 t 表上创建一个名为 view_t2 的视图，代码如下：

```
mysql> CREATE VIEW view_t2(qty, price, total ) AS SELECT quantity, price,
quantity *price FROM t;
Query OK, 0 rows affected (0.01 sec)
```

语句执行成功后，查看 view_t2 视图中的数据：

```
mysql> SELECT * FROM view_t2;
+------+-------+-------+
| qty  | price | total |
+------+-------+-------+
|    3 |    50 |   150 |
+------+-------+-------+
```

可以看到，view_t2 和 view_t 两个视图中的字段名称不同，但数据却是相同的。因此，在使用视图的时候，可能用户根本就不需要了解基本表的结构，更接触不到实际表中的数据，从而保证了数据库的安全。

8.2.3　在多表上创建视图

MySQL 中也可以在两个或者两个以上的表上创建视图，可以使用 CREATE VIEW 语句实现。

【例 8.3】在表 student 和表 stu_info 上创建视图 stu_glass，代码如下：

首先向两个表中插入数据，输入语句如下：

```
mysql> INSERT INTO student VALUES(1,'wanglin1'),(2,'gaoli'),(3,'zhanghai');

mysql> INSERT INTO stu_info VALUES(1, 'wuban','henan'),(2,'liuban','hebei'),
(3,'qiban','shandong');
```

创建视图 stu_glass，语句如下：

```
CREATE VIEW stu_glass (id,name, glass) AS SELECT student.s_id,student.name ,
stu_info.glass
FROM student ,stu_info WHERE student.s_id=stu_info.s_id;
```

代码的执行如下：

```
mysql> CREATE VIEW stu_glass (id,name, glass) AS SELECT student.s_id,
student.name ,stu_info.glass
    -> FROM student ,stu_info WHERE student.s_id=stu_info.s_id;
Query OK, 0 rows affected (0.00 sec)

mysql> SELECT * FROM stu_glass;
+------+----------+--------+
| id   | name     | glass  |
+------+----------+--------+
|    1 | wanglin1 | wuban  |
|    2 | gaoli    | liuban |
|    3 | zhanghai | qiban  |
+------+----------+--------+
3 rows in set (0.00 sec)
```

这个例子就解决了刚开始提出的那个问题，通过这个视图可以很好地保护基本表中的数据。这个视图中的信息很简单，只包含 id、姓名和班级，id 字段对应 student 表中的 s_id 字段，name 字段对应 student 表中的 name 字段，glass 字段对应 stu_info 表中的 glass 字段。

8.3 查看视图

查看视图是查看数据库中已存在的视图的定义。查看视图必须有 SHOW VIEW 的权限，MySQL 数据库下的 user 表中保存着这个信息。查看视图的方法包括：DESCRIBE、SHOW TABLE STATUS 和 SHOW CREATE VIEW，本节将介绍查看视图的各种方法。

8.3.1 使用 DESCRIBE 语句查看视图的基本信息

DESCRIBE 可以用来查看视图，具体的语法如下：

```
DESCRIBE 视图名;
```

【例 8.4】通过 DESCRIBE 语句查看视图 view_t 的定义，代码如下：

```
DESCRIBE view_t;
```

代码执行如下：

```
mysql> DESCRIBE view_t;
+-----------------+------------+------+-----+---------+-------+
| Field           | Type       | Null | Key | Default | Extra |
+-----------------+------------+------+-----+---------+-------+
| quantity        | int(11)    | YES  |     | NULL    |       |
| price           | int(11)    | YES  |     | NULL    |       |
| quantity *price | bigint(21) | YES  |     | NULL    |       |
+-----------------+------------+------+-----+---------+-------+
```

结果显示出了视图的字段定义、字段的数据类型、是否为空、是否为主/外键、默认值和额外信息。

DESCRIBE 一般情况下都简写成 DESC，输入这个命令的执行结果和输入 DESCRIBE 的执行结果是一样的。

8.3.2 使用 SHOW TABLE STATUS 语句查看视图的基本信息

可以通过 SHOW TABLE STATUS 语句查看视图的信息，具体的语法如下：

```
SHOW TABLE STATUS LIKE '视图名';
```

【例 8.5】下面将通过一个例子来学习使用 SHOW TABLE STATUS 命令查看视图信息，代码如下：

```
SHOW TABLE STATUS LIKE 'view_t' \G
```

执行结果如下：

```
mysql> SHOW TABLE STATUS LIKE 'view_t' \G
```

```
*************************** 1. row ***************************
           Name: view_t
         Engine: NULL
        Version: NULL
     Row_format: NULL
           Rows: 0
 Avg_row_length: 0
    Data_length: 0
Max_data_length: 0
   Index_length: 0
      Data_free: 0
 Auto_increment: NULL
    Create_time: 2018-11-22 11:29:04
    Update_time: NULL
     Check_time: NULL
      Collation: NULL
       Checksum: NULL
 Create_options: NULL
        Comment: VIEW
1 row in set (0.01 sec)
```

执行结果显示，Comment 的值为 VIEW 说明该表为视图，其他的信息为 NULL 说明这是一个虚表。用同样的语句来查看一下数据表 t 的信息，执行结果如下：

```
mysql> SHOW TABLE STATUS LIKE 't' \G
*************************** 1. row ***************************
           Name: t
         Engine: InnoDB
        Version: 10
     Row_format: Dynamic
           Rows: 1
 Avg_row_length: 16384
    Data_length: 16384
Max_data_length: 0
   Index_length: 0
      Data_free: 0
 Auto_increment: NULL
    Create_time: 2018-11-22 11:28:07
    Update_time: 2018-11-22 11:28:07
     Check_time: NULL
      Collation: utf8mb4_0900_ai_ci
       Checksum: NULL
 Create_options:
        Comment:
1 row in set (0.00 sec)
```

从查询的结果来看，这里的信息包含存储引擎、创建时间等，Comment 信息为空，这就是视图和表的区别。

8.3.3 使用 SHOW CREATE VIEW 语句查看视图的详细信息

使用 SHOW CREATE VIEW 语句可以查看视图的详细定义，语法如下：

```
SHOW CREATE VIEW 视图名;
```

【例 8.6】使用 SHOW CREATE VIEW 语句查看视图的详细定义，代码如下：

```
SHOW CREATE VIEW view_t \G
```

执行结果如下：

```
mysql> SHOW CREATE VIEW view_t \G
*************************** 1. row ***************************
                View: view_t
         Create View: CREATE ALGORITHM=UNDEFINED DEFINER='root'@'localhost'
SQL SECURITY DEFINER VIEW'view_t' AS select't'.'quantity'AS'quantity',
't'.'price'AS'price',('t'.'quantity'*'t'.'price')AS'quantity*price'from't'
character_set_client: gbk
collation_connection: gbk_chinese_ci
1 row in set (0.00 sec)
```

执行结果显示了视图的名称、创建视图的语句等信息。

8.3.4 在 views 表中查看视图的详细信息

在 MySQL 中，information_schema 数据库下的 views 表中存储了所有视图的定义。通过对 views 表的查询，可以查看数据库中所有视图的详细信息，查询语句如下：

```
SELECT * FROM information_schema.views;
```

【例 8.7】在 views 表中查看视图的详细定义，代码如下：

```
mysql> SELECT * FROM information_schema.views\G
*** 1. row ***
      TABLE_CATALOG: def
       TABLE_SCHEMA: chapter11db
         TABLE_NAME: stu_glass
     VIEW_DEFINITION:      select       `chapter11db`.`student`.`s_id`      AS
`id`,`chapter11db`.`student`.`name` AS `name`,`
   chapter11db`.`stu_info`.`glass`  AS  `glass`  from  `chapter11db`.`student`
join `chapter11db`.`stu_info` where (`
   chapter11db`.`student`.`s_id` = `chapter11db`.`stu_info`.`s_id`)
        CHECK_OPTION: NONE
        IS_UPDATABLE: YES
```

```
              DEFINER: root@localhost
        SECURITY_TYPE: DEFINER
   CHARACTER_SET_CLIENT: gbk
   COLLATION_CONNECTION: gbk_chinese_ci
*** 2. row ***
        TABLE_CATALOG: def
         TABLE_SCHEMA: chapter11db
           TABLE_NAME: view_t
      VIEW_DEFINITION:        select        `chapter11db`.`t`.`quantity`       AS
`quantity`,`chapter11db`.`t`.`price` AS `price`,(
   `chapter11db`.`t`.`quantity`  *  `chapter11db`.`t`.`price`)  AS  `quantity
*price` from `chapter11db`.`t`
         CHECK_OPTION: NONE
         IS_UPDATABLE: YES
              DEFINER: root@localhost
        SECURITY_TYPE: DEFINER
   CHARACTER_SET_CLIENT: gbk
   COLLATION_CONNECTION: gbk_chinese_ci
*** 3. row ***
        TABLE_CATALOG: def
         TABLE_SCHEMA: chapter11db
           TABLE_NAME: view_t2
      VIEW_DEFINITION:        select       `chapter11db`.`t`.`quantity`      AS
`qty`,`chapter11db`.`t`.`price` AS `price`,(`chap
   ter11db`.`t`.`quantity`  *  `chapter11db`.`t`.`price`)  AS  `total`  from
`chapter11db`.`t`
         CHECK_OPTION: NONE
         IS_UPDATABLE: YES
              DEFINER: root@localhost
        SECURITY_TYPE: DEFINER
   CHARACTER_SET_CLIENT: gbk
   COLLATION_CONNECTION: gbk_chinese_ci
3 rows in set (0.03 sec)
```

查询的结果显示了当前以及定义的所有视图的详细信息，在这里也可以看到前面定义的
3 个名称为 stu_glass、view_t 和 view_t2 的视图的详细信息。

8.4 修改视图

修改视图是指修改数据库中存在的视图，当基本表的某些字段发生变化的时候，可以通
过修改视图来保持与基本表的一致性。在 MySQL 中，通过 CREATE OR REPLACE VIEW 语
句和 ALTER 语句来修改视图。

8.4.1　使用 CREATE OR REPLACE VIEW 语句修改视图

在 MySQL 中，如果要修改视图，可以使用 CREATE OR REPLACE VIEW 语句，语法如下：

```
CREATE [OR REPLACE] [ALGORITHM = {UNDEFINED | MERGE | TEMPTABLE}]
    VIEW view_name [(column_list)]
    AS SELECT_statement
    [WITH [CASCADED | LOCAL] CHECK OPTION]
```

可以看到，修改视图的语句和创建视图的语句是完全一样的。当视图已经存在时，修改语句对视图进行修改；当视图不存在时，创建视图。下面通过一个实例来说明。

【例 8.8】修改视图 view_t，代码如下：

```
CREATE OR REPLACE VIEW view_t AS SELECT * FROM t;
```

首先通过 DESC 查看一下更改之前的视图，以便与更改之后的视图进行对比。执行的结果如下：

```
mysql> DESC view_t;
+----------------+-----------+------+-----+---------+-------+
| Field          | Type      | Null | Key | Default | Extra |
+----------------+-----------+------+-----+---------+-------+
| quantity       | int(11)   | YES  |     | NULL    |       |
| price          | int(11)   | YES  |     | NULL    |       |
| quantity *price| bigint(21)| YES  |     | NULL    |       |
+----------------+-----------+------+-----+---------+-------+
3 rows in set (0.00 sec)

mysql> CREATE OR REPLACE VIEW view_t AS SELECT * FROM t;
Query OK, 0 rows affected (0.05 sec)

mysql> DESC view_t;
+----------+---------+------+-----+---------+-------+
| Field    | Type    | Null | Key | Default | Extra |
+----------+---------+------+-----+---------+-------+
| quantity | int(11) | YES  |     | NULL    |       |
| price    | int(11) | YES  |     | NULL    |       |
+----------+---------+------+-----+---------+-------+
2 rows in set (0.00 sec)
```

从执行的结果来看，相比原来的视图 view_t，新的视图 view_t 少了一个字段。

8.4.2　使用 ALTER 语句修改视图

ALTER 语句是 MySQL 提供的另一种修改视图的方法，语法如下：

```
ALTER [ALGORITHM = {UNDEFINED | MERGE | TEMPTABLE}]
    VIEW view_name [(column_list)]
    AS SELECT_statement
    [WITH [CASCADED | LOCAL] CHECK OPTION]
```

这个语法中的关键字和前面视图的关键字是一样的，这里就不再介绍了，具体实例如下。

【例 8.9】使用 ALTER 语句修改视图 view_t，代码如下：

```
ALTER VIEW view_t AS SELECT quantity FROM t;
```

执行结果如下：

```
mysql> DESC view_t;
+----------+---------+------+-----+---------+-------+
| Field    | Type    | Null | Key | Default | Extra |
+----------+---------+------+-----+---------+-------+
| quantity | int(11) | YES  |     | NULL    |       |
| price    | int(11) | YES  |     | NULL    |       |
+----------+---------+------+-----+---------+-------+
2 rows in set (0.06 sec)

mysql> ALTER VIEW view_t AS SELECT quantity FROM t;
Query OK, 0 rows affected (0.05 sec)

mysql> DESC view_t;
+----------+---------+------+-----+---------+-------+
| Field    | Type    | Null | Key | Default | Extra |
+----------+---------+------+-----+---------+-------+
| quantity | int(11) | YES  |     | NULL    |       |
+----------+---------+------+-----+---------+-------+
1 rows in set (0.01 sec)
```

通过 ALTER 语句同样可以达到修改视图 view_t 的目的，从上面的执行结果来看，视图 view_t 只剩下一个 quantity 字段，修改成功。

8.5　更新视图

更新视图是指通过视图来插入、更新、删除表中的数据，因为视图是一个虚拟表，其中没有数据。通过视图更新的时候都是转到基本表上进行更新的，如果对视图增加或者删除记录，实际上是对其基本表增加或者删除记录。本节将介绍更新视图的 3 种方法：INSERT、UPDATE 和 DELETE。

【例 8.10】使用 UPDATE 语句更新视图 view_t，代码如下：

```
UPDATE view_t SET quantity=5;
```

执行视图更新之前，查看基本表和视图的信息，执行结果如下：

```
mysql> SELECT * FROM view_t;
+----------+
| quantity |
+----------+
|     3    |
+----------+
1 row in set (0.00 sec)

mysql> SELECT * FROM t;
+----------+-------+
| quantity | price |
+----------+-------+
|      3   |   50  |
+----------+-------+
1 row in set (0.00 sec)
```

使用 UPDATE 语句更新视图 view_t，执行过程如下：

```
mysql> UPDATE view_t SET quantity=5;
Query OK, 1 row affected (0.00 sec)
Rows matched: 1  Changed: 1  Warnings: 0
```

查看视图更新之后，基本表的内容如下：

```
mysql> SELECT * FROM t;
+----------+-------+
| quantity | price |
+----------+-------+
|     5    |   50  |
+----------+-------+
1 row in set (0.02 sec)

mysql> SELECT * FROM view_t;
+----------+
| quantity |
+----------+
|     5    |
+----------+
1 row in set (0.00 sec)
```

```
mysql> SELECT * FROM view_t2;
+------+-------+-------+
| qty  | price | total |
+------+-------+-------+
|    5 |    50 |   250 |
+------+-------+-------+
```

对视图 view_t 更新后，基本表 t 的内容也就更新了，同样当对基本表 t 更新后，另一个视图 view_t2 中的内容也会更新。

【例 8.11】使用 INSERT 语句在基本表 t 中插入一条记录，代码如下：

```
INSERT INTO t VALUES (3,5);
```

执行结果如下：

```
mysql> INSERT INTO t VALUES(3,5);
Query OK, 1 row affected (0.04 sec)

mysql> SELECT * FROM t;
+----------+-------+
| quantity | price |
+----------+-------+
|        5 |    50 |
|        3 |     5 |
+----------+-------+
2 rows in set (0.00 sec)

mysql> SELECT * FROM view_t2;
+------+-------+-------+
| qty  | price | total |
+------+-------+-------+
|    5 |    50 |   250 |
|    3 |     5 |    15 |
+------+-------+-------+
```

向表 t 中插入一条记录，通过 SELECT 语句查看表 t 和视图 view_t2，可以看到其中的内容也跟着更新，视图更新的不仅仅是数量和单价，总价也会更新。

【例 8.12】使用 DELETE 语句删除视图 view_t2 中的一条记录，代码如下：

```
DELETE FROM view_t2 WHERE price=5;
```

执行结果如下：

```
mysql> DELETE FROM view_t2 WHERE price=5;
Query OK, 1 row affected (0.03 sec)
mysql> SELECT * FROM view_t2;
+------+-------+-------+
| qty  | price | total |
+------+-------+-------+
```

```
|   5   |  50  |  250  |
+------+------+-------+

mysql> SELECT * FROM t;
+----------+-------+
| quantity | price |
+----------+-------+
|     5    |  50   |
+----------+-------+
```

在视图 view_t2 中删除 price=5 的记录，视图中的删除操作最终是通过删除基本表中相关的记录实现的。查看删除操作之后的表 t 和视图 view_t2，可以看到通过视图删除了其所依赖的基本表中的数据。

当视图中包含有如下内容时，视图的更新操作将不能被执行：

（1）视图中不包含基表中被定义为非空的列。

（2）在定义视图的 SELECT 语句后的字段列表中使用了数学表达式。

（3）在定义视图的 SELECT 语句后的字段列表中使用了聚合函数。

（4）在定义视图的 SELECT 语句中使用了 DISTINCT、UNION、TOP、GROUP BY 或 HAVING 子句。

8.6　删除视图

当不再需要视图时，可以将其删除，删除一个或多个视图可以使用 DROP VIEW 语句，语法如下：

```
DROP VIEW [IF EXISTS]
    view_name [, view_name] ...
    [RESTRICT | CASCADE]
```

其中，view_name 是要删除的视图名称，可以添加多个需要删除的视图名称，各个名称之间使用英文逗号分隔开。删除视图必须拥有 DROP 权限。

【例 8.13】删除 stu_glass 视图，代码如下：

```
DROP VIEW IF EXISTS stu_glass;
```

执行结果：

```
mysql> DROP VIEW IF EXISTS stu_glass;
Query OK, 0 rows affected (0.00 sec)
```

如果名称为 stu_glass 的视图存在，该视图就会被删除。使用 SHOW CREATE VIEW 语句查看操作结果：

```
mysql> SHOW CREATE VIEW stu_glass;
ERROR 1146 (42S02): Table 'test_db.stu_glass' doesn't exist
```

可以看到，stu_glass 视图已经不存在，删除成功。

8.7　小白疑难解惑

疑问 1：在 MySQL 中，视图和表的区别以及联系是什么？

1. 两者的区别

（1）视图是已经编译好的 SQL 语句，是基于 SQL 语句的结果集的可视化的表，而表不是。

（2）视图没有实际的物理记录，而表有。

（3）表是内容，视图是窗口。

（4）表占用物理空间，而视图不占用物理空间，视图只是逻辑概念的存在，表可以及时对它进行修改，但视图只能用创建的语句来修改。

（5）视图是查看数据表的一种方法，可以查询数据表中某些字段构成的数据，只是一些 SQL 语句的集合。从安全的角度来说，视图可以防止用户接触数据表，因而用户不知道表结构。

（6）表属于全局模式的表，是实表；视图属于局部模式的表，是虚表。

（7）视图的建立和删除只影响视图本身，不影响对应的基本表。

2. 两者的联系

视图是在基本表之上建立的表，它的结构（所定义的列）和内容（所有记录）都来自基本表，它依据基本表的存在而存在。一个视图可以对应一个基本表，也可以对应多个基本表。视图是基本表的抽象和在逻辑意义上建立的新关系。

8.8　习题演练

（1）如何在一个表上创建视图？

（2）如果在多个表上创建视图？

（3）如何更改视图？

（4）如何查看视图的详细信息？

（5）如何更新视图的内容？

（6）如何理解视图和基本表之间的关系、用户操作的权限？

第 9 章

◀ 项目开发预备技术 ▶

学习目标 Objective

　　PHP 是一种简单、面向对象、解释型、健壮、安全、性能非常高、独立于架构、可移植的动态脚本语言。而 MySQL 是快速和开源的网络数据库系统。PHP 和 MySQL 的结合是目前 Web 开发的黄金组合，那么 PHP 是如何操作 MySQL 数据库的呢？本章将开始学习使用 PHP 操作 MySQL 数据库的相关知识。

内容导航 Navigation

- 了解 PHP 语言
- 掌握 PHP+MySQL 集成环境的安装和配置方法
- 熟悉 PHP 的基本语法
- 掌握 PHP 操作 MySQL 的方法

9.1 认识 PHP 语言

　　PHP 的初始全称为 Personal Home Page，现已正式更名为 PHP: Hypertext Preprocessor（超文本预处理语言）。PHP 是一种 HTML 内嵌式的语言，是在服务器端执行的嵌入 HTML 文档的脚本语言，语言风格类似于 C 语言，被广泛用于动态网站的制作。PHP 语言借鉴了 C 和 Java 等语言的部分语法，并有自己独特的特性，使 Web 开发者能够快速地编写动态生成页面的脚本。对于初学者而言，PHP 的优势是可以快速入门。

　　与其他的编程语言相比，PHP 是将程序嵌入 HTML 文档中去执行，执行效率比完全生成 HTML 标记的方式要高许多。PHP 还可以执行编译后的代码，编译可以起到加密和优化代码运行的作用，使代码运行得更快。另外，PHP 具有非常强大的功能，所有的 CGI 功能 PHP 都能实现，而且几乎支持所有流行的数据库和操作系统。最重要的是，PHP 还可以用 C、C++进行程序的扩展。

9.2 PHP+MySQL 环境的集成软件

对于刚开始学习 PHP 的程序员，往往为了配置环境而不知所措。为此，这里介绍一款对新手非常实用的 PHP 集成开发环境。

WampServer 是指在 Windows 服务器上使用 Apache、MySQL、PHP 和 phpMyAdmin 的集成安装环境，目前 WampServer 3 已经支持 PHP 7 版本。WampServer 安装简单、速度较快、运行稳定，受到广大初学者的青睐。

提 示
在安装 WampServer 组合包之前，需要确保系统中没有安装 Apache、PHP 和 MySQL，否则，需要先将这些软件卸载，然后才能安装 WampServer 组合包。

安装 WampServer 组合包的具体操作步骤如下：

步骤 01 到 WampServer 官方网站（http://www.wampserver.com/en/）下载 WampServer 的最新安装包 WampServer3.0.6-x32.exe 文件。

步骤 02 直接双击安装文件，打开选择安装语言界面，如图 9.1 所示。

步骤 03 单击【OK】按钮，在弹出的对话框中选中【I accept the agreement】单选按钮，如图 9.2 所示。

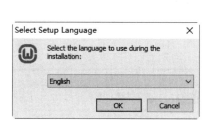

图 9.1 选择安装语言

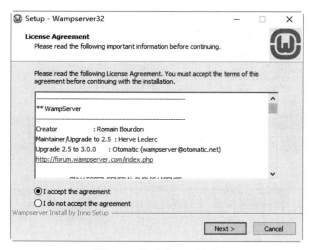

图 9.2 接受许可证协议

步骤 04 单击【Next】按钮，弹出【Information】对话框，在其中可以查看组合包的相关说明信息，如图 9.3 所示。

步骤 05 单击【Next】按钮，在弹出的对话框中设置安装路径，这里采用默认路径"C:\wamp"，如图 9.4 所示。

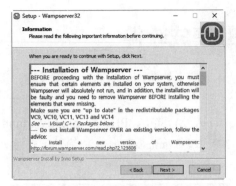

图 9.3　信息界面

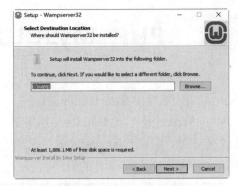

图 9.4　设置安装路径

步骤 06　单击【Next】按钮，在弹出的对话框中选择开始菜单文件夹，这里采用默认设置，如图 9.5 所示。

步骤 07　单击【Next】按钮，在弹出的对话框中确认安装的参数后，单击【Install】按钮，如图 9.6 所示。

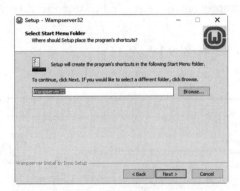

图 9.5　设置开始菜单文件夹

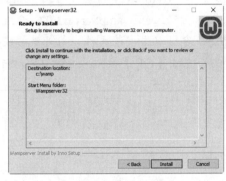

图 9.6　确认安装

步骤 08　程序开始自动安装，并显示安装进度，如图 9.7 所示。

步骤 09　安装完成后，进入安装完成界面，单击【Finish】按钮，完成 WampServer 的安装操作，如图 9.8 所示。

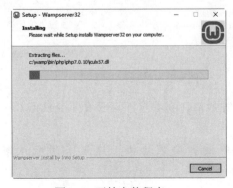

图 9.7　开始安装程序

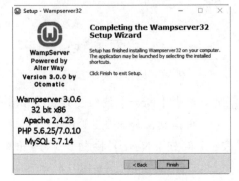

图 9.8　完成安装界面

步骤 ⑩ 默认情况下，集成环境中的 PHP 版本为 5.6.25，这里需要修改为最新的 PHP 7 版本。单击桌面右侧的 WampServer 服务按钮█，在弹出的下拉菜单中选择 PHP 命令，然后在弹出的子菜单中选择 Version 命令，选择 PHP 的版本为 7.0.10，如图 9.9 所示。

步骤 ⑪ 单击桌面右侧的 WampServer 服务按钮█，在弹出的下拉菜单中选择 Localhost 命令，如图 9.10 所示。

图 9.9　WampServer 服务列表

图 9.10　选择 Localhost 命令

步骤 ⑫ 系统自动打开浏览器，显示 PHP 配置环境的相关信息，如图 9.11 所示。

图 9.11　PHP 配置环境的相关信息

下面通过一个实例讲解如何编写 PHP 程序并运行查看效果。读者可以使用任意的文本编辑软件，如记事本，新建名称为 hello world 的文件，并输入以下代码：

```
<HTML>
<HEAD>
</HEAD>
<BODY>
<h2>我的第一个 PHP 程序</h2>
<?php
echo "山中相送罢，日暮掩柴扉。";
```

```
echo "春草明年绿，王孙归不归？";
?>
</BODY>
</HTML>
```

将文件保存在 WampServer 的 www 目录下，保存格式为.php。在浏览器的地址栏中输入 "http://localhost/helloworld.php"，并按【Enter】键确认，运行结果如图 9.12 所示。

图 9.12　运行结果

【案例分析】

（1）"我的第一个 PHP 程序"是 HTML 中 "<h2>我的第一个 PHP 程序</h2>" 所生成的。

（2）"山中相送罢，日暮掩柴扉。春草明年绿，王孙归不归？"是由 "<?php echo "山中相送罢，日暮掩柴扉."; echo "春草明年绿，王孙归不归？"; ?>" 生成的。

（3）在 HTML 中嵌入 PHP 代码的方法就是在<?php ?>标识符中间填入 PHP 语句，语句要以 ";" 结束。

（4）<?php?>标识符的作用是告诉 Web 服务器，PHP 代码从什么地方开始，到什么地方结束。<?php ?>标识符内的所有文本都要按照 PHP 语言进行解释，以区别于 HTML 代码。

9.3　PHP 的基本语法

目前，PHP 7 是以<?php ?>标识符为开始和结束标记的。也有人把这种默认风格称为 PHP 的 XML 风格。PHP 7 只支持这种标记风格，例如：

```
<?php>
echo "这是 XML 风格的标记";
<?>
```

9.3.1　常量和变量

PHP 通过 define()命令来声明常量，格式如下：

```
define ("常量名"，常量值);
```

常量名是一个字符串，通常在 PHP 的编码规范指导下使用大写英文字母表示，比如 CLASS_NAME、MYAGE 等。

变量像一个贴有名字标签的空盒子。不同的变量类型对应不同种类的数据，就像不同种类的东西要放入不同种类的盒子。

PHP 中的变量不同于 C 或 Java 语言，因为它是弱类型的。在 C 或 Java 中，需要对每一个变量声明类型，但是在 PHP 中不需要这样做。

PHP 中的变量一般以"$"作为前缀，然后以字母 a~z 的大小写或者"_"下划线开头。这是变量的一般表示。

合法的变量名可以是：

```
$hello
$Aform1
$_formhandler （类似我们见过的$_POST 等）
```

非法的变量名如：

```
$168
$!like
```

PHP 中不需要显式地声明变量，但是定义变量前进行声明并带有注释是一个好的程序员应该养成的习惯。PHP 的赋值有两种，即传值和引用，区别如下：

（1）传值赋值：使用"="直接将赋值表达式的值赋给另一个变量。

（2）引用赋值：将赋值表达式内存空间的引用赋给另一个变量。需要在"="左右的变量前面加上一个"&"符号。在使用引用赋值的时候，两个变量将会指向内存中同一个存储空间，所以任意一个变量的变化都会引起另一个变量的变化。

【例 9.1】（实例文件：源文件\ch09\9.1.php）

```php
<?php
echo "使用传值方式赋值：<br/>";              // 输出，使用传值方式赋值
$a = "风吹草低见牛羊";
$b = $a;                                    // 将变量$a 的值赋值给$b，两个变量指向不同的内存空间
echo "变量 a 的值为".$a."<br/>";            // 输出变量 a 的值
echo "变量 b 的值为".$b."<br/>";            // 输出变量 b 的值
$a = "天似穹庐，笼盖四野";                    // 改变变量 a 的值，变量 b 的值不受影响
echo "变量 a 的值为".$a."<br/>";            // 输出变量 a 的值
echo "变量 b 的值为".$b."<p>";              //输出变量 b 的值
echo "使用引用方式赋值：<br/>";              //输出，使用引用方式赋值
$a = "天苍苍，野茫茫";
$b = &$a;                                   // 将变量$a 的引用赋给$b，两个变量指向同一块内存空间
echo "变量 a 的值为".$a."<br/>";            // 输出变量 a 的值
echo "变量 b 的值为".$b."<br/>";            // 输出变量 b 的值
$a = "敕勒川，阴山下";
```

```
/*
改变变量 a 在内存空间中存储的内容，变量 b 也指向该空间，b 的值也发生变化
*/
echo "变量 a 的值为".$a."<br/>";          // 输出变量 a 的值
echo "变量 b 的值为".$b."<p>";            // 输出变量 b 的值
?>
```

本程序运行结果如图 9.13 所示。

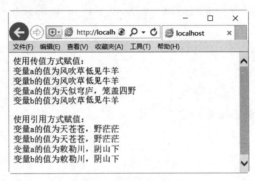

图 9.13　程序运行结果

9.3.2　数据类型

不同的数据类型其实就是所存储数据的不同种类。PHP 的不同数据类型主要包括：

- 整型（Integer）：用来存储整数。
- 浮点型（Float）：用来存储实数。
- 字符串型（String）：用来存储字符串。
- 布尔型（Boolean）：用来存储真（true）或假（false）。
- 数组型（Array）：用来存储一组数据。
- 对象型（Object）：用来存储一个类的实例。

作为弱类型语言，PHP 也被称为动态类型语言。在强类型语言（例如 C 语言）中，一个变量只能存储一种类型的数据，并且这个变量在使用前必须声明变量类型。而在 PHP 中，给变量赋什么类型的值，这个变量就是什么类型，例如以下几个变量：

```
$hello = "hello world";
```

由于 hello world 是字符串，因此变量$hello 的数据类型就是字符串类型。

```
$hello = 100;
```

同样，由于 100 为整型，因此$hello 就是整型。

```
$wholeprice = 100.0;
```

由于 100.0 为浮点型，因此$wholeprice 就是浮点型。

由此可见，对于变量而言，如果没有定义变量的类型，它的类型就由所赋值的类型决定。

9.3.3　函数

自定义函数的语法结构如下：

```
function name_of_function( param1,param2,… ){
    statement
}
```

其中，name_of_function 是函数名，param1、param2 是参数，statement 是函数的具体内容。

下面以自定义和调用函数为例进行讲解。本实例主要实现酒店欢迎信息。

【例 9.2】（实例文件：源文件\ch09\9.2.php）

```php
<?php
function sayhello($customer){          //自定义函数 sayhello
    return $customer.", 欢迎您来到润慧酒店。";
}
echo sayhello('张先生');                //调用函数 sayhello
?>
```

本程序运行结果如图 9.14 所示。

图 9.14　程序运行结果

值得一提的是，此函数的返回值是通过值返回的。也就是说，return 语句返回值时，创建了一个值的副本，并把它返回给使用此函数的命令或函数，在这里是 echo 命令。

由于函数是一段封闭的程序，因此很多时候程序员都需要向函数内传递一些数据来进行操作。

```
function 函数名称（参数1，参数2）{
    算法描述，其中使用参数1和参数2；
}
```

下面以计算酒店房间住宿费总价为例进行讲解。

【例 9.3】（实例文件：源文件\ch09\9.3.php）

```php
<?php
function totalneedtopay($days,$roomprice){          // 声明自定义函数
```

```
    $totalcost = $days*$roomprice;              // 计算住宿费总价
    echo  "需要支付的总价:$totalcost"."元。";        // 计算住宿费总价
}
$rentdays = 3;                                  //声明全局变量
$roomprice = 168;
totalneedtopay($rentdays,$roomprice);           //通过变量传递参数
totalneedtopay(5,198);                          //直接传递参数值
?>
```

运行结果如图 9.15 所示。

图 9.15　程序运行结果

【案例分析】

（1）以这种方式传递参数值的方法就是向函数传递参数值。

（2）其中 function totalneedtopay($days,$roomprice){}定义了函数和参数。

（3）无论是通过变量$rentdays 和$roomprice 向函数内传递参数值，还是像 totalneedtopay(5,198)这样直接传递参数值都是一样的。

9.4　流程控制

流程控制也叫控制结构，在一个应用中用来定义执行程序流程。它决定了某个程序段是否会被执行和执行多少次。

PHP 中的控制语句分为 3 类：顺序控制语句、条件控制语句和循环控制语句。其中，顺序控制语句是从上到下依次执行的，这种结构没有分支和循环，是 PHP 程序中很简单的结构。下面主要讲述条件控制语句和循环控制语句。

9.4.1　条件控制语句

条件控制语句中包含两个主要的语句：一个是 if 语句；另一个是 switch 语句。

1. 单一条件分支结构（if 语句）

if 语句是常见的条件控制语句，格式如下：

```
if（条件判断语句）{
```

```
    命令执行语句;
}
```

这种形式只是对一个条件进行判断。如果条件成立，就执行命令语句，否则不执行。

2. 双向条件分支结构（if...else 语句）

如果是非此即彼的条件判断，可以使用 if...else 语句，格式如下：

```
if（条件判断语句）{
    命令执行语句 A;
}else{
    命令执行语句 B;
}
```

这种结构形式首先判断条件是否为真，如果为真，就执行命令语句 A，否则执行命令语句 B。

【例 9.4】（实例文件：源文件\ch09\9.4.php）

```
<?php
$score = 85;                            //设置成绩变量$score
if($score >= 0 and $score <= 60){       //判断成绩变量是否为0~60
echo "您的成绩为差";                      //如果是，就说明成绩为差
}
elseif($score > 60 and $score <= 80){   //否则判断成绩变量是否为61~80
echo "您的成绩为中等";                    //如果是，就说明成绩为中等
}else{                                   //如果两个判断都是 false，就输出默认值
echo "您的成绩为优等";                    //说明成绩为优等
}
?>
```

运行后结果如图 9.16 所示。

图 9.16　程序运行结果

3. 多向条件分支结构（elseif 语句）

在条件控制结构中，有时会出现多种选择，此时可以使用 elseif 语句，语法格式如下：

```
if（条件判断语句）{
        命令执行语句;
}elseif（条件判断语句）{
        命令执行语句;
```

```
}...
else{
          命令执行语句；
}...
```

【例 9.5】（实例文件：源文件\ch09\9.5.php）

```php
<?php
$score = 85;                                  //设置成绩变量$score
if($score >= 0 and $score <= 60){             //判断成绩变量是否为0~60
echo "您的成绩为差";                            //如果是，就说明成绩为差
}
elseif($score > 60 and $score <= 80){         //否则判断成绩变量是否为61~80
echo "您的成绩为中等";                          //如果是，就说明成绩为中等
}else{                                        //如果两个判断都是 false，就输出默认值
echo "您的成绩为优等";                          //说明成绩为优等
}
?>
```

运行后结果如图 9.17 所示。

图 9.17　程序运行结果

9.4.2　循环控制语句

循环控制语句主要包括 3 种，即 while 循环、do…while 循环和 for 循环。while 循环在代码运行的开始检查表述的真假；而 do…while 循环则在代码运行的末尾检查表述的真假，即 do…while 循环至少要运行一遍。

1. while 循环语句

while 循环的结构如下：

```
while （条件判断语句）{
     命令执行语句；
}
```

其中，当"条件判断语句"为 TRUE 时，执行后面的"命令执行语句"，然后返回条件表达式继续进行判断，直到表达式的值为假才能跳出循环，执行后面的语句。

2. do...while 循环语句

do…while 循环的结构如下：

```
do{
    命令执行语句；
}while（条件判断语句）
```

先执行 do 后面的"命令执行语句"，其中的变量会随着命令的执行发生变化。当此变量通过 while 后的"条件判断语句"判断为 false 时，停止执行"命令执行语句"。

3. for 循环语句

for 循环的结构如下：

```
for (expr1; expr2; expr3)
{
    执行命令语句
}
```

其中，expr1 为条件的初始值，expr2 为判断的最终值，通常都使用比较表达式或逻辑表达式充当判断的条件，执行完命令语句后，再执行 expr3。

4. foreach 循环语句

foreach 语句是常用的一种循环语句，经常被用来遍历数组元素，格式如下：

```
foreach（数组 as 数组元素）{
    对数组元素的操作命令；
}
```

可以根据数组的情况分为两种，即不包含键值的数组和包含键值的数组。
不包含键值的数组：

```
foreach（数组 as 数组元素值）{
    对数组元素的操作命令；
}
```

包含键值的数组：

```
foreach（数组 as 键值 => 数组元素值）{
    对数组元素的操作命令；
}
```

每进行一次循环，当前数组元素的值就会被赋值给数组元素值变量，数组指针会逐一移动，直到遍历结束为止。

5. 使用 break/continue 语句跳出循环

使用 break 关键字用来跳出（也就是终止）循环控制语句和条件控制语句中 switch 语句的执行，例如：

```
<?php
```

```
$n = 0;
while (++$n) {
    switch ($n) {
    case 1:
        echo "case one";
        break ;
    case 2:
        echo "case two";
        break 2;
    default:
        echo "case three";
        break 1;
    }
}
?>
```

在这段程序中，while 循环控制语句里面包含一个 switch 流程控制语句。在程序执行到 break 语句时，break 会终止执行 switch 语句，或者是 switch 和 while 语句。其中，在 case 1 下的 break 语句跳出 switch 语句；在 case 2 下的 break 2 语句跳出 switch 语句和包含 switch 的 while 语句；在 default 下的 break 1 语句和 case 1 下的 break 语句一样，只是跳出 switch 语句。其中，break 后面带的数字参数是指 break 要跳出的控制语句结构的层数。

9.5 类和对象

类是面向对象中重要的概念，是面向对象设计中基本的组成模块。可以将类简单地看作一种数据结构，在类中的数据和函数称为类的成员。

9.5.1 成员属性

在 PHP 中，声明类的关键字是 class，声明格式如下：

```
<?php
权限修饰符  class 类名{
类的内容；
}
?>
```

其中，权限修饰符是可选项，常见的修饰符包括 public、private 和 protected。创建类时，可以省略权限修饰符，此时默认的修饰符为 public。public、private 和 protected 的区别如下：

（1）一般情况下，属性和方法的默认项是 public，这意味着属性和方法的各个项从类的内部和外部都可以访问。

（2）用关键字 private 声明的属性和方法只能从类的内部访问，也就是只有类内部的方法才可以访问用此关键字声明的类的属性和方法。

（3）用关键字 protected 声明的属性和方法也只能从类的内部访问，但是通过"继承"而产生的"子类"是可以访问这些属性和方法的。

例如，定义一个 Student（学生）为公共类，代码如下：

```
public class Student
{
    //类的内容
}
```

9.5.2　成员属性

成员属性是指在类中声明的变量。在类中可以声明多个变量，所以对象中可以存在多个成员属性，每个变量将存储不同的对象属性信息，例如：

```
public class Student
{
    Public $name;        //类的成员属性
}
```

其中，成员属性必须使用关键词进行修饰，常见的关键词包括 public、protected 和 private。如果没有特定的意义，那么仍然需要用 var 关键词修饰。另外，在声明成员属性时可以不进行赋值操作。

9.5.3　成员方法

成员方法是指在类中声明的函数。在类中可以声明多个函数，所以对象中可以存在多个成员方法。类的成员方法可以通过关键字进行修饰，从而控制成员方法的使用权限。

以下是定义成员方法的例子：

```
class Student
{
    Public $name;               //类的成员属性
    function GetIp(){
                                //方法的内容
    }
}
```

9.5.4　类的实例化

面向对象编程的思想是一切皆为对象。类是对一个事物抽象出来的结果，因此，类是抽象的。对象是某类事物中具体的那个，因此，对象是具体的。例如，学生就是一个抽象概念，即学生类，但是姓名叫"张三"的学生就是学生类中一个具体的学生，即对象。

类和对象的关系可以描述为：类用来描述具有相同数据结构和特征的"一组对象"，"类"是"对象"的抽象，而"对象"是"类"的具体实例，即一个类中的对象具有相同的"型"，但其中每个对象却具有各不相同的"值"。

类的实例化格式如下：

```
$变量名=new 类名称([参数]);        //类的实例化
```

其中，new 为创建对象的关键字，$变量名返回对象的名称，用于引用类中的方法。参数是可选的，如果存在参数，就用于指定类的构造方法或用于初始化对象的值；如果没有定义构造函数参数，PHP 就会自动创建一个不带参数的默认构造函数。

如下面的例子所示：

```
class Student
{
    Public $name;             //类的成员属性
    function GetIp(){
                              //方法的内容
    }
}
$lili=new Student();          //类的实例化
$liufei=new Student();        //类的实例化
$zhangming=new Student();     //类的实例化
$wangyi=new Student();        //类的实例化
```

上面的例子实例化了 4 个对象，并且这 4 个对象之间没有任何联系，只能说明它们源于同一个类 Student。可见，一个类可以实例化多个对象，每个对象都是独立存在的。

9.5.5　访问类中的成员属性和方法

通过对象的引用可以访问类中的成员属性和方法，这里需要使用特殊的运算符号："->"。具体的语法格式如下：

```
$变量名=new 类名称();          //类的实例化
$变量名->成员属性=值;          //为成员属性赋值
$变量名->成员属性;            //直接获取成员的属性值
$变量名->成员方法;            //访问对象中指定的方法
```

另外，用户还可以使用一些特殊的访问方法。

1. $this

$this 存在于类的每一个成员方法中，是一个特殊的对象引用方法。成员方法属于哪个对象，$this 引用就代表哪个对象，专门用于完成对象内部成员之间的访问。

2. 操作符 "::"

操作符 "::" 可以在没有任何声明实例的情况下访问类中的成员。使用的语法格式如下：

关键字::::变量名/常量名/方法名

其中，关键字主要包括 parent、self 和类名 3 种。parent 关键字表示可以调用父类中的成员变量、常量和成员方法。self 关键字表示可以调用当前类中的常量和静态成员。类名关键字表示可以调用本类中的常量变量和方法。

下面通过实例介绍类的声明和实例的生成。

【例 9.6】（实例文件：源文件\ch09\9.6.php）

```php
<?php
//定义类
class guests{
    private $name;
    private $gender;
    function setname($name){
        $this->name = $name;
    }
//定义函数
    function getname(){
        return $this->name;
    }
    function setgender($gender){
        $this->gender = $gender;
    }
    function getgender(){
        return $this->gender;
    }
};
$xiaoming = new guests;                      //生成实例
$xiaoming->setname("王小明");
$xiaoming->setgender("男");
$lili = new guests;
$lili->setname("李莉莉");
$lili->setgender("女");
echo $xiaoming->getname()."\t".$xiaoming->getgender()."<br>";
echo $lili->getname()."\t".$lili->getgender();
?>
```

运行结果如图 9.18 所示。

图 9.18　程序运行结果

【案例分析】

（1）用 class 关键字声明一个类，而这个类的名称是 guests。在大括号内写入类的属性和方法。其中 private $name、private $gender 为类 guests 的自有属性，用 private 关键字声明，也就是说只有在类内部的方法可以访问它们，类外部是不能访问的。

（2）function setname($name)、function getname()、function setgender($gender)和 function getgender()就是类方法，可以对 private $name、private $gender 这两个属性进行操作。$this 是对类本身的引用。用"->"连接类属性，格式如$this->name 和$this->gender。

（3）之后用 new 关键字生成一个对象，格式为$object = new Classname;，对象名是 $xiaoming。当程序通过 new 生成一个类 guests 的实例，也就是对象$xiaoming 的时候，对象 $xiaoming 就拥有了类 guests 的所有属性和方法。然后就可以通过"接口"，也就是这个对象的方法（也就是类的方法的副本）来对对象的属性进行操作了。

（4）通过接口 setname($name)给实例$xiaoming 的属性$name 赋值为"王小明"，通过 setgender($gender)给实例$xiaoming 的属性$gender 赋值为"男"。同样的道理，通过接口操作了实例$lili 的属性。最后通过接口 getname()、getgender()返回不同的两个实例的属性$name 和$gender，并且打印出来。

9.6　PHP 访问 MySQL 数据库

PHP 和 MySQL 数据库是开发动态网站的黄金搭档，本节将讲述 PHP 如何访问 MySQL 数据库。

9.6.1　使用 mysqli_connect()函数连接 MySQL 服务器

PHP 使用 mysqli_connect()函数连接 MySQL 数据库。

mysqli_connect()函数的格式如下：

```
mysqli_connect('MYSQL 服务器地址', '用户名', '用户密码', '要连接的数据库名')
```

【例 9.7】（实例文件：源文件\ch09\9.7.php）

```php
<?php
$db=mysqli_connect('localhost','root','753951','adatabase'); //连接数
```

据库

```
?>
```

该语句通过此函数连接到 MySQL 数据库并且把此连接生成的对象传递给名为$db 的变量，也就是对象$db。其中，MySQL 服务器地址为"localhost"，用户名为"root"，用户密码为本环境 root 设定的密码"753951"，要连接的数据库名为"adatabase"。

9.6.2　使用 mysqli_select_db()函数更改默认的数据库

连接到数据库以后，如果需要更改默认的数据库，可以使用函数 mysqli_select_db()，格式如下：

```
mysqli_select_db(数据库服务器连接对象,更改后数据库名)
```

在 9.6.1 小节的实例中，"$db=mysqli_connect('localhost','root','753951','adatabase');"语句已经通过传递参数值 adatabase 确定了需要操作的默认数据库。如果不传递此参数，mysqli_connect()函数只提供 MySQL 服务器地址、用户名和用户密码，一样可以连接到 MySQL 数 据 库 服 务 器 ，并且以相应的用户登录。如果上例的语句变为"$db= mysqli_connect('localhost','root','753951');"，一样是可以成立的。但是，在这样的情况下，必须继续选择具体的数据库进行操作。

如果把 9.6.php 文件中的语句：

```
$db = mysqli_connect('localhost','root','753951','adatabase');
```

修改为以下两个语句：

```
$db = mysqli_connect('localhost','root','753951');
mysqli_select_db($db,'adatabase');
```

程序运行效果将完全一样。

在新的语句中，"mysqli_select_db($db,'adatabase');"语句确定了数据库服务器连接对象为$db，目标数据库名为"adatabase"。

9.6.3　使用 mysqli_close()函数关闭 MySQL 连接

在连接数据库时，可以使用 mysqli_connect()函数。与之相对应，在完成一次对服务器的使用的情况下，需要关闭此连接，以免对 MySQL 服务器中的数据进行误操作并对资源进行释放。一个服务器的连接也是一个对象型的数据类型。

mysqli_close()函数的格式如下：

```
mysqli_close(需要关闭的数据库连接对象)
```

在 9.6.1 小节的实例程序中，"mysqli_close($db);"语句中的$db 就是"需要关闭的数据库连接对象"。

9.6.4 使用 mysqli_query()函数执行 SQL 语句

使用 mysqli_query()函数执行 SQL 语句需要向此函数中传递两个参数：一个是 MySQL 数据库服务器连接对象；另一个是以字符串表示的 SQL 语句。mysqli_query()函数的格式如下：

```
mysqli_query(数据库服务器连接对象,SQL 语句)
```

在运行本实例前，用户可以参照前面章节的知识在 MySQL 服务器上创建 adatabase 数据库，添加数据表 user，数据表 user 主要包括 Id（工号）、Name（姓名）、Age（年龄）、Gender（性别）和 Info（个人信息）字段，然后添加一些演示数据即可。

【例 9.8】（实例文件：源文件\ch09\9.8.php）

```php
<?php
$db=@mysqli_connect('localhost','root','753951','adatabase')
or die("无法连接到服务器");  //连接数据库
//执行插入数据操作
$sq = "insert into user(Id,Name,Age,Gender,Info)
  values(4,'fangfang',18,'female','She is a 18 years lady')";
$result = mysqli_query($db,$sq); //$result 为 boolean 类型
if ($result) {
echo "插入数据成功! <br/>";
} else {
echo "插入数据失败! <br/>";
}
// 执行更新数据操作
$sq = "update user set Name='张芳' where Name='fangfang'";
$result = mysqli_query($db,$sq);
if($result) {
echo "更新数据成功!<br/>";
} else {
echo "更新数据失败!<br/>";
}
// 执行查询数据操作
$sq = "select * from user";
$result = mysqli_query($db,$sq);  // 如果查询成功, $result 为资源类型, 保
存查询结果集

mysqli_close($db);
?>
```

程序运行结果如图 9.19 所示。

图 9.19　程序运行结果

可见，mysqli_query()函数执行 SQL 语句之后会把结果返回。上例中就是返回结果并且赋值给$result 变量。

9.6.5　获取查询结果集中的记录数

使用 mysqli_num_rows()函数获取查询结果包含的数据记录的条数，只需要给出返回的数据对象即可。语法格式如下：

```
mysqli_num_rows(result);
```

其中，result 指查询结果对象，此函数只对 select 语句有效。

如果想获取查询、插入、更新和删除操作所影响的行数，需要使用 mysqli_affected_rows 函数。mysqli_affected_rows()函数返回前一次 MySQL 操作所影响的行数。语法格式如下：

```
mysqli_affected_rows(connection)
```

其中，connection 为必需填写的参数，表示当前的 MySQL 连接。如果返回结果为 0，就表示没有受影响的记录；如果返回结果为-1，就表示查询返回错误。

下面通过实例来讲解它们的使用方法和区别。

【例 9.9】（实例文件：源文件\ch09\9.9.php）

```php
<?php
$db=@mysqli_connect('localhost','root','753951','adatabase')
or die("无法连接到服务器");  //连接数据库
//执行查询数据操作
$sq = "select * from user";
$result = mysqli_query($db,$sq);  // 如果查询成功, $result 为资源类型, 保存查询结果集
    echo "查询结果有". mysqli_num_rows($result). "条记录" <br/>; //输出查询记录集的行数
// 执行更新数据操作
$sq = "update user set Name='mingming' where Name='张芳'";
$result = mysqli_query($db,$sq);
echo "更新了".mysqli_affected_rows($db). "条记录";  //输出更新记录集的行数
mysqli_close($db);
?>
```

程序运行结果如图 9.20 所示。

图 9.20　程序运行结果

9.6.6　获取结果集中的一条记录作为枚举数组

执行 select 查询操作后，使用 mysqli_fetch_rows()函数可以从查询结果中取出数据，如果想逐行取出每条数据，可以结合循环语句循环输出。

mysqli_fetch_rows()函数的语法格式如下：

```
mysqli_ fetch_rows (result);
```

其中，result 指查询结果对象。

【例 9.10】（实例文件：源文件\ch09\9.10.php）

```php
<?php
$db=@mysqli_connect('localhost','root','753951','adatabase')
or die("无法连接到服务器");              //连接数据库
mysqli_query("set names utf8");         //设置 MySQL 的字符集，以屏蔽乱码
//执行查询数据操作
$sq = "select * from user";
$result = mysqli_query($db,$sq); //如果查询成功，$result 为资源类型，保存查询结果集
?>
<table width="370" border="1" cellspacing="0" cellpadding="0">
  <tr><th>编号</th><th>姓名</th><th>年龄</th><th>性别</th><th>个人信息</th></tr>
<?php
  while($row = mysqli_fetch_row($result)){//逐行获取结果集中的记录，并显示在表格中
?>
  <tr>
   <td><?php echo $row[0] ?></td>           <!-- 显示第一列 -->
   <td><?php echo $row[1] ?></td>           <!-- 显示第二列 -->
   <td><?php echo $row[2] ?></td>           <!-- 显示第三列 -->
   <td><?php echo $row[3] ?></td>           <!-- 显示第四列 -->
   <td><?php echo $row[4] ?></td>           <!-- 显示第五列 -->
</tr>
<?php
mysqli_close($db);
```

```
?>
```

程序运行结果如图 9.21 所示。

图 9.21　程序运行结果

9.6.7　获取结果集中的记录作为关联数组

使用 mysqli_fetch_assoc()函数从数组结果集中获取信息，只要确定 SQL 请求返回的对象就可以了。语法格式如下：

```
mysqli_ fetch_assoc (result);
```

此函数与 mysqli_fetch_rows()函数的不同之处在于返回的每一条记录都是关联数组。注意，该函数返回的字段名是区分大小写的。

【例 9.11】（实例文件：源文件\ch09\9.11.php）

```php
<?php
  while($row = mysqli_fetch_assoc($result)) {    // 逐行获取结果集中的记录
?>
  <tr>
   <td><?php echo $row["Id"] ?></td>          <!-- 获取当前行"Id"字段值 -->
   <td><?php echo $row["Name"] ?></td>        <!-- 获取当前行"Name"字段值 -->
   <td><?php echo $row["Age"] ?></td>         <!-- 获取当前行"Age"字段值 -->
   <td><?php echo $row["Gender"] ?></td>      <!-- 获取当前行"Gender"字段值 -->
   <td><?php echo $row["Info"] ?></td>        <!-- 获取当前行"Info"字段值 -->
  </tr>
<?php
  }
?>
```

"$row=mysqli_fetch_assoc($result);"语句直接从$result 结果中取得一行，并且以关联数组的形式返回给$row。由于获得的是关联数组，因此在读取数组元素的时候，需要通过字段名称确定数组元素。

221

9.6.8 获取结果集中的记录作为对象

使用 mysqli_fetch_object()函数从结果中获取一行记录作为对象。语法格式如下：

```
mysqli_ fetch_ object (result);
```

【例 9.12】（实例文件：源文件\ch09\9.12.php）

```php
<?php
  while($row = mysqli_fetch_object($result)) {          // 逐行获取结果集中的记录
?>
  <tr>
    <td><?php echo $row->Id ?></td>              <!-- 获取当前行 "Id" 字段值 -->
    <td><?php echo $row->Name ?></td>            <!-- 获取当前行 "Name" 字段值 -->
    <td><?php echo $row->Age ?></td>             <!-- 获取当前行 "Age" 字段值 -->
    <td><?php echo $row->Gender ?></td>          <!-- 获取当前行 "Gender" 字段值 -->
    <td><?php echo $row->Info ?></td>              <!-- 获取当前行 "Info" 字段值 -
->
  </tr>
  <?php
  }
?>
```

该程序的整体运行结果和 9.6.7 小节的案例相同。它们不同的是，这里的程序采用了对象和对象属性的表示方法，但是最后输出的数据结果是相同的。

9.6.9 使用 mysqli_fetch_array()函数获取结果集记录

mysqli_fetch_array ()函数的语法格式如下：

```
mysqli_fetch_ array (result[,result_type])
```

参数 result_type 是可选参数，表示一个常量，可以选择 MYSQL_ASSOC（关联数组）、MYSQL_NUM（数字数组）和 MYSQL_BOTH（二者兼有），本参数的默认值为 MYSQL_BOTH。

【例 9.13】（实例文件：源文件\ch09\9.13.php）

```php
<?php
while($row = mysqli_fetch_array($result)) {          // 逐行获取结果集中的记录
?>
  <tr>
    <td><?php echo $row["Id"] ?></td>                // 使用字段名做索引显示字段值
    <td><?php echo $row["1"] ?></td>                 // 使用数字做索引显示字段值
    <td><?php echo $row["Age"] ?></td>
    <td><?php echo $row["3"] ?></td>
    <td><?php echo $row["Info"] ?></td>
```

```
  </tr>
 <?php
  }
?>
```

9.6.10　使用 mysqli_free_result()函数释放资源

释放资源的函数为 mysqli_free_result()，函数的格式如下：

```
mysqli_free_result(SQL 请求所返回的数据库对象)
```

在一切操作都基本完成以后，程序通过"mysqli_free_result($result);"语句释放了 SQL
请求所返回的对象$result 所占用的资源。

第 10 章
◀ 项目实训——开发图书管理系统 ▶

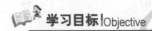 学习目标 | Objective

图书管理系统的主要功能是收集、保存、维护和使用图书信息。本系统的设计目标旨在方便图书管理员的操作，减少图书管理员的工作量，并使其能更有效地管理书库中的图书，实现传统的图书管理工作的信息化。

内容导航 | Navigation

- 了解图书管理系统的概述
- 熟悉图书管理系统的登录验证
- 熟悉图书管理系统的密码修改功能
- 熟悉图书管理系统的新书入库功能
- 熟悉图书管理系统的图书管理操作
- 熟悉图书管理系统的查询功能
- 熟悉图书管理系统的图书统计功能

10.1 图书管理系统概述

本系统是把传统的图书馆管理进行信息化改造，实现对图书的信息化管理。本项目目录结构如图 10.1 所示。

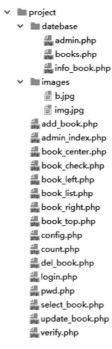

图 10.1　项目目录结构

具体说明如下：

- datebase：数据库的文件夹。包含创建数据库和数据表的文件。
- images：项目所使用的图片文件夹。
- add_book.php：新书入库文件。
- admin_index.php：管理中心页面。
- book_center.php：book_left 页面和 book_right 页面的组合页面。
- book_check.php：判断管理员是否登录的页面。
- book_left.php：管理页面的左侧模块。
- book_list.php：新书管理页面。
- book_right.php：管理页面的右侧模块。
- book_top.php：管理页面的头部模块。
- config.php：连接数据库文件。
- count.php：系统图书统计文件。
- del_book.php：删除图书文件。
- login.php：系统管理员登录文件。
- pwd.php：密码修改文件。
- select_book.php：系统图书查询文件。
- update_book.php：修改图书文件。
- verify.php：验证码文件。

10.2 系统功能分析

图书管理系统主要实现的功能如下：

（1）管理员退出登录。

（2）管理员密码更改。

（3）图书管理。

图书管理包括：

（1）新书管理：对当前所有的图书进行展示和分类，并进行操作管理。

（2）新书入库：添加新书到管理系统中。

（3）图书查询：通过建立搜索功能实现对所有图书的关键字搜索。

（4）图书统计：根据图书类别显示每个种类的图书数量。

10.3 创建数据库和数据表

首先连接服务器，连接成功后，创建一个关于图书的数据库，名称为 books。

```php
<?php
// 创建连接
$conn = new mysqli("localhost", "uesename", "password");
// 检测连接
if ($conn->connect_error){
    die("连接失败: " . $conn->connect_error);}
// 创建数据库
$sql = "CREATE DATABASE books";
if ($conn->query($sql) === TRUE) {
    echo "数据库创建成功";
} else {
    echo "Error creating database: " . $conn->error;
}
$conn->close();
?>
```

在 books 数据库中创建一个管理员表，名称为 admin，设置以下几个字段：

（1）id：它是唯一的，类型为 int，并选择为主键。

（2）username：管理员名称，类型为 varchar，长度为 50。

（3）password：密码，类型为 varchar，长度为 50。

代码如下:

```php
<?php
$SQL = " CREATE TABLE IF NOT EXISTS 'admin' (
 'id' int(11) NOT NULL AUTO_INCREMENT,
 'username' varchar(50) CHARACTER SET utf8 DEFAULT NULL,
 'password' varchar(50) CHARACTER SET utf8 DEFAULT NULL,
 PRIMARY KEY ('id')
) ENGINE=InnoDB  DEFAULT CHARSET=utf8 COLLATE=utf8_bin AUTO_INCREMENT=2 ";
?>
```

创建完成后,在 phpMyAdmin 工具中可以查看结果,如图 10.2 所示。

	#	名字	类型	排序规则	属性	空	默认	注释	额外	操作
☐	1	id	int(11)			否	无		AUTO_INCREMENT	🖊修改 ⊖删除 🔑主键
☐	2	username	varchar(50)	utf8_general_ci		是	NULL			🖊修改 ⊖删除 🔑主键
☐	3	password	varchar(50)	utf8_general_ci		是	NULL			🖊修改 ⊖删除 🔑主键

图 10.2　admin 数据表

再在 books 数据库中创建一个 info_book 表,用来存储图书信息,设置字段如下:

(1) id: 它是唯一的,类型为 int,并选择为主键。

(2) name: 图书名称,类型为 varchar,长度为 20。

(3) price: 价格,类型为 decimal(4,2),用于精度比较高的数据存储。decimal 声明语法是 decimal(m,d)。其中,M 是数字的最大数(精度),其范围为 1~65(在较旧的 MySQL 版本中,允许的范围是 1~254);D 是小数点右侧数字的数目(标度),其范围是 0~30,但不得超过 M。

(4) uploadtime: 入库时间,类型为 datetime。

(5) type: 图书分类,类型为 varchar,长度为 10。

(6) total: 图书数量,类型为 int,长度为 50。

(7) leave_number: 剩余可借出的图书数量,类型为 int,长度为 10。

代码如下:

```php
<?php
$SQL = " CREATE TABLE IF NOT EXISTS `info_books` (
 `id` int(10) NOT NULL AUTO_INCREMENT,
 `name` varchar(20) CHARACTER SET utf8 NOT NULL,
 `price` decimal(4,2) NOT NULL,
 `uploadtime` datetime NOT NULL,
 `type` varchar(10) CHARACTER SET utf8 NOT NULL,
 `total` int(50) DEFAULT NULL,
 `leave_number` int(10) DEFAULT NULL,
 PRIMARY KEY (`id`)
```

```
) ENGINE=MyISAM  DEFAULT CHARSET=utf8 COLLATE=utf8_bin AUTO_INCREMENT=42 ";
?>
```

创建完成后，在 phpMyAdmin 工具中可以查看结果，如图 10.3 所示。

#	名字	类型	排序规则	属性	空	默认	注释	额外	操作
1	id	int(10)			否	无		AUTO_INCREMENT	修改 删除 主键
2	name	varchar(20)	utf8_general_ci		否	无			修改 删除 主键
3	price	decimal(4,2)			否	无			修改 删除 主键
4	uploadtime	datetime			否	无			修改 删除 主键
5	type	varchar(10)	utf8_general_ci		否	无			修改 删除 主键
6	total	int(50)			是	NULL			修改 删除 主键
7	leave_number	int(10)			是	NULL			修改 删除 主键

图 10.3　info_book 表

把创建完成的数据库写入 config.php 文件中，方便以后在不同的页面中调用数据库和数据表。

```php
<?php
ob_start();  //开启缓存
session_start();
header("Content-type:text/html;charset=utf-8");
$link = mysqli_connect('localhost','root','123456','books');
mysqli_query($link, "set names utf8");
if (!$link) {
    die("连接失败:".mysqli_connect_error());
}
?>
```

10.4　图书管理系统模块

系统的主要功能已经在前面介绍过了，本节具体介绍每个功能的实现方法。

10.4.1　创建登录验证码

在登录界面上会使用验证码功能，首先创建一个简单的验证码文件 verify.php，以方便其他页面调用验证码功能。

这里的验证码文件设置一个 4 位数的验证码，如图 10.4 所示。

图 10.4　验证码效果

实现代码如下：

```php
<?php
session_start();
srand((double)microtime()*1000000);
while(($authnum=rand()%10000)<1000);//生成四位随机整数验证码
$_SESSION['auth']=$authnum;

//生成验证码图片
Header("Content-type: image/PNG");
$im = imagecreate(55,20);
$red = ImageColorAllocate($im, 255,0,0);
$white = ImageColorAllocate($im, 200,200,100);
$gray = ImageColorAllocate($im, 250,250,250);
$black = ImageColorAllocate($im, 120,120,50);

imagefill($im,60,20,$gray);

//将4位整数验证码绘入图片
//位置交错
for ($i = 0; $i < strlen($authnum); $i++)
{
  $i%2 == 0?$top = -1:$top = 3;
  imagestring($im, 6, 13*$i+4, 1, substr($authnum,$i,1), $white);
}

for($i=0;$i<100;$i++)    //加入干扰像素
{
  imagesetpixel($im, rand()%70 , rand()%30 , $black);
}

ImagePNG($im);
ImageDestroy($im);
?>
```

10.4.2　管理员登录页

在登录页面中，其左侧插入了一个图片，其右侧创建一个<form>表单以实现登录功能。登录功能使用<table>布局，并引入验证码文件 verify.php。其代码如下：

```html
<!DOCTYPE html>
<html>
<head>
    <meta http-equiv="Content-Type" content="text/html; charset=utf-8" />
    <title>图书后台管理系统登录功能</title>
</head>
```

```
<body style="background-color:#BBFFFF ">  .
    <div class="out_box"><h1>图书管理后台登录</h1></div>
    <div class="big_box">
        <div class="left_box"><img src="images/b.jpg" alt=""></div>
        <div class="right_box">
            <h2>管理员登录</h2>
            <form   name="frm"   method="post"   action=""   onSubmit="return
check()">
                <table>
                    <tr><td width="">
                        <label> 用 户 名：<input  type="text"  name="username"
id="username" class="iput"/></label>
                        </td></tr>
                    <tr><td>
                        <label> 密　 码：<input type="password" name="pwd"
id="pwd" class="iput"/></label>
                        </td></tr>
                    <tr><td>
                        <label> 验 证 码：<input  name="code"  type="text"
id="code" maxlength="4" class="iput"/></label>
                        </td></tr>
                    <tr><td align="center">
                        <img src="verify.php" style="vertical-align:middle"
/>
                        </td></tr>
                    <tr><td align="center">
                        <input  type="submit"  name="Submit"  value=" 登 录 "
class="iput1">
                            
                        <input  type="reset"  name="Submit"  value=" 重 置 "
class="iput2">
                        </td></tr>
                </table>
            </form>
        </div>
    </div>
</body>
</html>
```

10.4.3　管理员登录功能

前面创建了数据表 admin，这里需要加入一条管理员的数据，用来验证管理员登录信息。

```
<?php
$SQL="INSERT INTO `admin` (`username`, `password`) VALUES('admin',
'123456')";
```

```
?>
```

执行后，admin 表中就增加了一条数据，如图 10.5 所示。

图 10.5 添加管理员

接下来分别对姓名、密码和验证码进行判断，然后通过 SQL 语句查询出数据库信息相匹配。如果输入的登录信息与我们添加进数据库的登录信息不符合，就拒绝管理员登录。整个流程如图 10.6 所示。

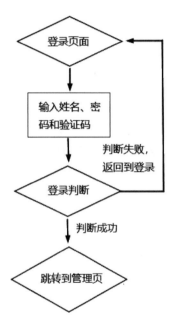

图 10.6 验证登录信息的流程

这里通过$_POST 获取页面登录的数据。

```php
<?php
if(@$_POST["Submit"]) {
    $username=$_POST["username"];
    $pwd=$_POST["pwd"];
    $code=$_POST["code"];
    if($code<>$_SESSION["auth"]) {
        echo "<script language=javascript>alert('验证码不正确!
');window.location='login.php'</script>";
        ?>
        <?php
        die();
```

```
    }
    $SQL ="SELECT * FROM admin where username='$username' and
password='$pwd'";
    $rs=mysqli_query($link,$SQL);
    if(mysqli_num_rows($rs)==1) {
        $_SESSION["pwd"]=$_POST["pwd"];
        $_SESSION["admin"]=session_id();
        echo "<script language=javascript>alert('登陆成功!
');window.location='admin_index.php'</script>";
    }
    else {
        echo "<script language=javascript>alert('用户名或密码错误!
');window.location='login.php'</script>";
        ?>
        <?php
        die();
    }
}
?>
```

session 变量用于存储关于用户会话的信息，或者更改用户会话的设置。

存储和取回 session 变量的正确方法是使用 PHP 中的$_SESSION 变量，把输入的验证码的登录信息与 session 中存储的验证码的信息相匹配，如果相等，验证码就匹配成功。然后查询数据库，验证登录的姓名和密码与数据库中的数据是否相匹配。如果验证码、姓名及密码都匹配成功，登录就会成功。

10.4.4　管理页面的头部模块

图书后台管理系统需要不同的模块来实现不同的功能效果，最后将这些模块组装起来，形成完整的后台功能页面。

本小节将创建后台管理系统的头部模块（book_top.php），效果如图 10.7 所示，包含管理员信息和"退出系统"的链接。

图 10.7　头部模块

实现代码如下：

```
<head>
    <meta http-equiv="Content-Type" content="text/html; charset=utf-8" />
    <title>图书后台管理系统登录功能</title>
    <style>
```

```
            div h1{
                width: 100%;
                text-align: center;
            }
            h1,td,a{
                color: white;
            }
        </style>
    </head>
    <div>
        <h1>欢迎登录到后台管理页面</h1>
    </div>
    <table width="100%" border="0" align="center" cellpadding="0"
cellspacing="0">
        <tr>
            <td height="17" align="right">管理员：admin  | <a
href="login.php?tj=out" target="_parent">退出系统
</a>    </td>
        </tr>
    </table>
```

10.4.5　管理页面的左侧模块

本小节创建管理系统的左侧功能模块（book_left.php），后台管理系统中对系统的主要操作都放在这里，以方便管理员进行图书管理的各种操作，效果如图 10.8 所示。

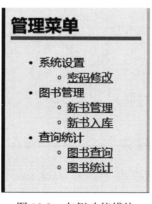

图 10.8　左侧功能模块

该模块包括系统设置功能、图书管理功能和查询统计功能等，均用<a>标签链接到相关模块，以实现图书管理后台的各种功能。这个模块主要使用<ul><li>标签进行布局。

```
<head>
    <meta http-equiv="Content-Type" content="text/html; charset=utf-8" />
    <title>图书后台管理系统登功能</title>
    <style>
```

```
    *{
        font-family: 微软雅黑;
    }
    h2{
        border-bottom: 5px solid #008B8B;
    }
    </style>
</head>
<div style="background-color:#BBFFFF">
    <h2>管理菜单</h2>
    <ul id="navigation">
        <li> <a>系统设置</a>
            <ul>
                <li><a href="pwd.php" target="rightFrame">密码修改</a></li>
            </ul>
        </li>
        <li><a>图书管理</a>
            <ul>
                <li><a  href="book_list.php"  target="rightFrame"> 新 书 管 理
</a></li>
                <li><a href="add_book.php" target="rightFrame">新书入库</a></li>
            </ul>
        </li>
        <li><a>查询统计</a>
            <ul>
                <li><a  href="select_book.php"  target="rightFrame"> 图 书 查 询
</a></li>
                <li><a href="count.php" target="rightFrame">图书统计</a></li>
            </ul>
        </li>
    </ul>
</div>
```

10.4.6　管理页面的右侧模块

本小节来创建管理系统的右侧模块（book_right.php），效果如图 10.9 所示。本模块使用 <table> 标签布局，然后添加两张图片。

```
<head>
    <meta http-equiv="Content-Type" content="text/html; charset=utf-8" />
    <title>图书后台管理系统登录功能</title>
</head>
<table>
    <tr>
        <td width="150"><img src="b.jpg" alt="" width="300"></td>
```

```
        <td width="150"><img src="img.jpg" alt="" width="300"></td>
    </tr>
</table>
```

图 10.9　右侧模块

10.4.7　管理员密码更改页

本小节来介绍左侧模块中修改密码的页面，页面效果如图 10.10 所示。

图 10.10　修改密码的页面

修改密码的页面使用<table>表格来布局，使用<form><input type="password">来显示原密码框和新输入密码框。

```
    <table cellpadding="5" cellspacing="1" border="0" width="100%" align=center
bgcolor="#FFFFFF">
        <form name="renpassword" method="post" action="">
        <tr>
            <th height=40 colspan=4 align="left" style="border-bottom: 5px
solid #BBFFFF">更改管理密码</th>
        </tr>
        <tr>
            <td width="40%" align="right">用户名：</td>
            <td width="60%"></td>
        </tr>
        <tr>
            <td align="right">原密码：</td>
            <td><input    name="password"    type="password"    id="password"
size="20"></td>
        </tr>
        <tr>
```

235

```
            <td align="right">新密码: </td>
            <td><input    name="password1"    type="password"    id="password1"
size="20"></td>
        </tr>
        <tr>
            <td align="right" style="border-bottom: 5px solid #BBFFFF">确认密
码: </td>
            <td    style="border-bottom:    5px    solid    #BBFFFF"><input
name="password2" type="password" id="password2" size="20"></td>
        </tr>
        <tr>
            <td colspan="2" align="center">
                <input class="button" onClick="return check();" type="submit"
name="Submit" value="确定更改">
            </td>
        </tr>
    </form>
    </table>
    </body>
    </html>
```

10.4.8 密码更改功能

前一小节完成了管理员密码的修改页面，本小节将实现这个功能，具体的实现流程如图
10.11 所示。

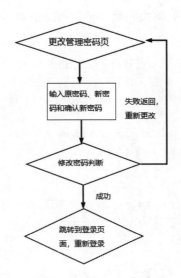

图 10.11 验证更改密码的流程

首先需要给"确定更改"加上一个 onClick 事件。使用 JavaScript 判断原密码、新密码、
确认新密码都不能为空，新密码和确认密码必须一致。

```
<script >
    function checkspace(checkstr) {
        var str = '';
        for(i = 0; i < checkstr.length; i++) {
            str = str + ' ';
        }
        return (str == checkstr);
    }
    function check()
    {
        if(checkspace(document.renpassword.password.value)) {
            document.renpassword.password.focus();
            alert("原密码不能为空！");
            return false;
        }
        if(checkspace(document.renpassword.password1.value)) {
            document.renpassword.password1.focus();
            alert("新密码不能为空！");
            return false;
        }
        if(checkspace(document.renpassword.password2.value)) {
            document.renpassword.password2.focus();
            alert("确认密码不能为空！");
            return false;
        }
        if(document.renpassword.password1.value                          !=
document.renpassword.password2.value) {
            document.renpassword.password1.focus();
            document.renpassword.password1.value = '';
            document.renpassword.password2.value = '';
            alert("新密码和确认密码不相同，请重新输入");
            return false;
        }
        document.admininfo.submit();
    }
</script>
```

然后使用数据库 SQL 语句查询输入的原密码是否与文本框内填入的密码匹配，如果匹配成功，就会使用 SQL 语句的修改功能修改数据库中的密码。

修改成功后，返回登录页面，提示使用新密码重新登录。

```php
<?php
$password=$_SESSION["pwd"];
$sql="select * from admin where password='$password'";
$rs=mysqli_query($link,$sql);
$rows=mysqli_fetch_assoc($rs);
```

```
$submit = isset($_POST["Submit"])?$_POST["Submit"]:"";
if($submit)
{
  if($rows["password"]==$_POST["password"])
  {
    $password2=$_POST["password2"];
    $sql="update admin set password='$password2' where id=1";
    mysqli_query($link,$sql);
    echo  "<script>alert(' 修 改 成 功 ， 请 重 新 进 行 登 陆 !
');window.location='login.php'</script>";
    exit();
  }
  else
    ?>
    <?php { ?>
    <script>
      alert("原始密码不正确,请重新输入")
      location.href="renpassword.php";
    </script>
    <?php
  }
}
?>
```

10.4.9　新书管理页面

这一小节介绍左侧模块中的新书管理功能页面，效果如图 10.12 所示。

后台管理 >> 新书管理						
ID	书名	价格	入库时间	类别	入库总量	操作
						修改　删除
首页|上一页|下一页|末页 首页|上一页|下一页|末页 首页|上一页|下一页|末页 页次: 页 共有 条信息						

图 10.12　新书管理功能页面

这个页面主要使用<table>标签来布局，显示书的 ID、书名、价格、入库时间、类别、入库总量和操作等内容。底部主要用于显示分页和信息数等内容。

```
<table width="95%" border="1" align="center" cellpadding="0"
cellspacing="1" bgcolor="#FFFFFF" >
    <tr>
        <td height="27" colspan="7" align="left" bgcolor="#FFFFFF"> 后台
管理 &gt;&gt; 新书管理</td>
    </tr>
    <tr>
        <td width="6%" height="35" align="center" bgcolor="#BBFFFF">ID</td>
```

```
        <td width="25%" align="center" bgcolor="#BBFFFF">书名</td>
        <td width="11%" align="center" bgcolor="#BBFFFF">价格</td>
        <td width="16%" align="center" bgcolor="#BBFFFF">入库时间</td>
        <td width="11%" align="center" bgcolor="#BBFFFF">类别</td>
        <td width="11%" align="center" bgcolor="#BBFFFF">入库总量</td>
        <td width="20%" align="center" bgcolor="#BBFFFF">操作</td>
    </tr>
        <tr align="center">
            <td width="6%"></td>
            <td width="25%" height="26"></td>
            <td width="11%" height="26"></td>
            <td width="16%" height="26"></td>
            <td width="11%" height="26"></td>
            <td width="11%" height="26"></td>
            <td width="20%">
                <a href="update_book.php?">修改</a>  
                <a href="del_book.php?">删除</a>
            </td>
        </tr>
    <tr>
        <th height="25" colspan="7" align="center">
                首页 | 上一页 | <a href="">下一页</a> |
                <a href="">末页</a>
                <a href="">首页</a> |
                <a href="">上一页</a> | 下一页 | 末页
                <a href="">首页</a> |
                <a href="">上一页</a> |
                <a href="" >下一页</a> |
                <a href="">末页</a>
             页次：页 共有 条信息
        </th>
    </tr>
</table>
```

10.4.10　新书管理分页功能

当新书管理页面完成以后，就需要把数据库的数据通过 SQL 语句查询出来并在页面上显示出来。由于图书馆的图书库存数量一般是比较大的，因此这里使用分页功能浏览数据。

（1）设定每页显示 8 条图书信息：

```
$pagesize=8;
```

（2）获取查询的总数据，计算出总页数$pagecount：

```
<?php
$pagesize = 8; //每页显示数
```

```php
$SQL = "SELECT * FROM yx_books";
$rs = mysqli_query($link,$sql);
$recordcount = mysqli_num_rows($rs);
//mysql_num_rows() 返回结果集中行的数目。此命令仅对 SELECT 语句有效
$pagecount = ($recordcount-1)/$pagesize+1;  //计算总页数
$pagecount = (int)$pagecount;
?>
```

（3）获取当前页$pageno：

- 判断当前页为空或者小于第一页时，显示第一页。
- 当前页数大于总页数时，显示总页数为最后一页。
- 计算每页从第几条数据开始。

```php
<?php
$pageno = $_GET["pageno"];  //获取当前页
if($pageno == ""){
    $pageno=1;                       //当前页为空时显示第一页
}
if($pageno<1){
    $pageno=1;                       //当前页小于第一页时显示第一页
}
if($pageno>$pagecount) {      //当前页数大于总页数时显示总页数
    $pageno=$pagecount;
}
$startno=($pageno-1)*$pagesize;        //每页从第几条数据开始显示
$sql="select * from info_books order by id desc limit $startno,$pagesize";
$rs=mysqli_query($link,$sql);
?>
```

在 HTML 标签中把数据库中的图书信息用 while 语句循环出来显示在页面上：

```php
<?php
while($rows=mysqli_fetch_assoc($rs)) {
    ?>
    <tr align="center">
        <td width="6%"><?php echo $rows["id"]?></td>
        <td width="25%" height="26"><?php echo $rows["name"]?></td>
        <td width="11%" height="26"><?php echo $rows["price"]?></td>
        <td width="16%" height="26"><?php echo $rows["uploadtime"]?></td>
        <td width="11%" height="26"><?php echo $rows["type"]?></td>
        <td width="11%" height="26"><?php echo $rows["total"]?></td>
        <td width="20%">
            <a href="update_book.php?id=<?php echo $rows['id'] ?>"> 修 改
</a>  
            <a href="del_book.php?id=<?php echo $rows['id'] ?>">删除</a>
        </td>
```

```
        </tr>
        <?php } ?>
```

最后实现首页、上一页、下一页和末页等功能。当前页为第一页时，下一页和末页链接显示；当前页为总页数时，首页和上一页链接显示。其余所有的都正常链接显示。

```
    <tr>
        <th height="25" colspan="7" align="center">
            <?php if($pageno==1) { ?>
                首页 | 上一页 | <a href="?pageno=<?php echo $pageno+1 ?> &
id=<?php echo @$id ?>">下一页</a> |
                <a href="?pageno=<?php echo $pagecount ?> & id=<?php echo
@$id ?>">末页</a>
            <?php } else if($pageno==$pagecount) { ?>
                <a href="?pageno=1&id=<?php echo @$id ?>">首页</a> |
                <a href="?pageno=<?php echo $pageno-1 ?>&id=<?php echo
@$id ?>">上一页</a> | 下一页 | 末页
            <?php } else { ?>
                <a href="?pageno=1&id=<?php echo @$id?>">首页</a> |
                <a href="?pageno=<?php echo $pageno-1?>&id=<?php echo @$id?>">
上一页</a> |
                <a href="?pageno=<?php echo $pageno+1?>&id=<?php echo @$id?>" >
下一页</a> |
                <a href="?pageno=<?php echo $pagecount?>&id=<?php echo @$id?>">
末页</a>
            <?php } ?>
             页次：<?php echo $pageno ?>/<?php echo $pagecount ?>页 
共有<?php echo $recordcount?>条信息
        </th>
    </tr>
</table>
```

10.4.11　新书管理中的"新书修改"页面

在"新书管理"页面中单击"操作"列中的"修改"链接，页面将跳转到后台的"新书修改"页面（update_book.php），如图 10.13 所示。

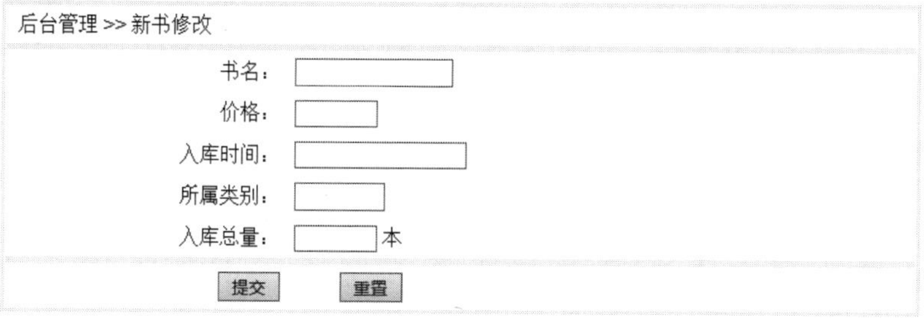

后台管理 >> 新书修改

书名：

价格：

入库时间：

所属类别：

入库总量：　本

提交　　重置

图 10.13　"新书修改"页面

创建<form>表单，内部使用<table>表格进行布局。需要在文本框中显示的内容为：书名、价格、入库时间、所属类别、入库总量。

```
<form id="myform" name="myform" method="post" action="" onSubmit="return
myform_Validator(this)">
     <table width="100%" height="173" border="0" align="center"
cellpadding="5" cellspacing="1" bgcolor="#ffffff">
       <tr>
         <td colspan="2" align="left" style="border-bottom: 5px solid
#BBFFFF"> 后台管理 &gt;&gt; 新书修改</td>
       </tr>
       <tr>
         <td width="31%" align="right">书名：</td>
         <td width="69%">
            <input name="name" type="text" id="name" value="" size="15"
maxlength="30" />
         </td>
       </tr>
       <tr>
         <td align="right">价格：</td>
         <td>
            <input name="price" type="text" id="price" value="" size="5"
maxlength="15" />
         </td>
       </tr>
       <tr>
         <td align="right">入库时间：
         </td>
         <td>
            <label>
              <input name="uptime" type="text" id="uptime" value=""
size="17" />
            </label>
         </td>
       </tr>
       <tr>
         <td align="right">所属类别：
         </td>
         <td><label>
              <input name="type" type="text" id="type" value="" size="6"
maxlength="19" />
            </label></td>
```

```
        </tr>
        <tr>
          <td align="right" style="border-bottom: 5px solid #BBFFFF">入库总
量: </td>
          <td style="border-bottom: 5px solid #BBFFFF"><input name="total"
type="text" id="total" value="" size="5" maxlength="15" />
              本</td>
        </tr>
        <tr>
          <td align="right">
            <input type="hidden" name="action" value="modify">
            <input type="submit" name="button" id="button" value="提交
"/></td>
          <td>
            <input type="reset" name="button2" id="button2" value="重置
"/></td>
        </tr>
    </table>
  </form>
```

10.4.12　新书管理中修改和删除功能的实现

在"新书管理"页面中实现单击"操作"列中的"删除"链接，删除链接所对应的一行
图书数据。

在删除页面（del_book.php）中获取要删除图书的 id，通过 SQL 语句来删除该 id 在数据
库中的全部记录：

```php
<?php
include("config.php");
require_once('book_check.php');
$SQL = "DELETE FROM info_books where id='".$_GET['id']."'";
$arry=mysqli_query($link,$SQL);
if($arry){
    echo "<script> alert('删除成功');location='book_list.php';</script>";
}
else
    echo "删除失败";
?>
```

接下来看一下"修改"功能的实现，其实现的流程如图 10.14 所示。

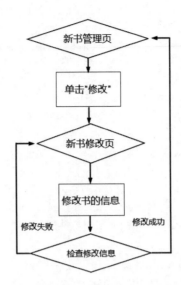

图 10.14　验证修改信息的流程

实现思路：获取需要修改图书的 id，通过 SQL 语句中的 SELECT 查询数据库中此条 id 的所有信息，再通过 SQL 语句中 UPDATE 修改此条 id 对应的图书信息。

```php
<?php
$sql="select * from info_books where id='".$_GET['id']."'";
$arr=mysqli_query($link,$sql);
$rows=mysqli_fetch_row($arr);
//mysqli_fetch_row() 函数从结果集中取得一行，并作为枚举数组返回。一条一条获取，输出结
果为$rows[0],$rows[1],$rows[2]....
?>
<?php
if(@$_POST['action']=="modify"){
    $sqlstr = "update info_books set name = '".$_POST['name']."', price =
'".$_POST['price']."', uploadtime = '".$_POST['uptime']."', type =
'".$_POST['type']."', total = '".$_POST['total']."' where
id='".$_GET['id']."'";
    $arry=mysqli_query($link,$sqlstr);
    if ($arry){
        echo "<script> alert('修改成功');location='book_list.php';</script>";
    }
    else{
        echo "<script>alert('修改失败');history.go(-1);</script>";
    }
}
?>
```

给<from>表单添加一个 onSubmit 单击事件：

```
<form id="myform" name="myform" method="post" action="" onSubmit="return
```

```
myform_Validator(this)">
```

通过 onSubmit 单击事件，用<javascript>脚本来判断在修改图书信息时不能让每项修改的信息为空。

```
<script >
    function myform_Validator(theForm) {
        if (theForm.name.value == "") {
            alert("请输入书名。");
            theForm.name.focus();
            return (false);
        }
        if (theForm.price.value == "") {
            alert("请输入书名价格。");
            theForm.price.focus();
            return (false);
        }
        if (theForm.type.value == "") {
            alert("请输入书名所属类别。");
            theForm.type.focus();
            return (false);
        }
        return (true);
    }
</script>
```

10.4.13 新书入库页面

在左侧的功能模块中，有一个"新书入库"的功能，如图 10.15 所示。管理员可以通过此页面向管理系统中添加新书。单击"新书入库"链接，页面将跳转到新书入库页面（add_book.php），如图 10.16 所示。

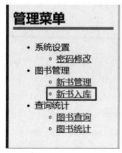

图 10.15　新书入库

图 10.16　新书入库页面

新书入库页面与新书管理中的新书修改页面布局类似。在页面上创建<form>表单，内部使用<table>表格进行布局，表格中的内容包括：书名、价格、日期、所属类别、入库总量。

```
<form id="myform" name="myform" method="post" action="" onsubmit="return
```

```
myform_Validator(this)">
        <table width="100%" height="173" border="0" align="center"
cellpadding="5" cellspacing="1" bgcolor="#ffffff">
          <tr>
            <td colspan="2" align="left"  style="border-bottom: 5px solid
#BBFFFF"> 后台管理 &gt;&gt; 新书入库</td>
          </tr>
          <tr>
            <td width="31%" align="right">书名：</td>
            <td width="69%">
              <input name="name" type="text" id="name" size="15"
maxlength="30" />
            </td>
          </tr>
          <tr>
            <td align="right">价格：</td>
            <td>
              <input name="price" type="text" id="price" size="5"
maxlength="15" />
            </td>
          </tr>
          <tr>
            <td align="right">日期：</td>
            <td>
              <input name="uptime" type="text" id="uptime" value="<?php echo
date("Y-m-d h:i:s"); ?>" />
            </td>
          </tr>
          <tr>
            <td align="right">所属类别：</td>
            <td>
              <input name="type" type="text" id="type" size="6"
maxlength="19" />
            </td>
          </tr>
          <tr>
            <td align="right" style="border-bottom: 5px solid #BBFFFF">入库总
量：</td>
            <td style="border-bottom: 5px solid #BBFFFF"><input name="total"
type="text" id="total" size="5" maxlength="15" />
              本</td>
          </tr>
          <tr>
            <td align="right">
              <input type="hidden" name="action" value="insert">
```

```
            <input type="submit" name="button" id="button" value="提交" />
        </td>
        <td>
            <input type="reset" name="button2" id="button2" value="重置" />
        </td>
    </tr>
    </table>
</form>
```

这里的日期是自动生成的当前时间，使用 PHP 的 date 函数，date("Y-m-d h:i:s")生成当前的日期时间。

```
<input name="uptime" type="text" id="uptime" value="<?php echo date("Y-m-d
h:i:s"); ?>" />
```

10.4.14　新书添加功能的实现

本小节实现图书后台管理系统的新书添加功能。在页面的<form>表单中添加数据，单击"提交"按钮后，将添加的数据通过 SQL 语句 INSERT INTO 增加到数据库中。实现的流程如图 10.17 所示。

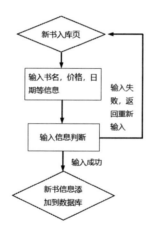

图 10.17　新书添加功能的实现流程

使用表单提交一个变量名为 action、值为 insert 的参数。

```
<td align="right">
  <input type="hidden" name="action" value="insert">
  <input type="submit" name="button" id="button" value="提交" />
</td>
```

使用$_POST 方式获取 insert 的值，然后使用 SQL 语句 INSERT INTO 将新书的信息增加到数据库中。

```
<?php
```

```
   if(@$_POST['action']=="insert"){
      $SQL = "INSERT INTO info_books
(name,price,uploadtime,type,total,leave_number)
   values('".$_POST['name']."','".$_POST['price']."','".$_POST['uptime']."','"
.$_POST['type']."','".$_POST['total']."','".$_POST['total']."')";
      $arr=mysqli_query($link,$SQL);
      if ($arr){
         echo "<script language=javascript>alert('添加成功!
');window.location='add_book.php'</script>";
      }
      else{
         echo "<script>alert('添加失败');history.go(-1);</script>";
      }
   }
   ?>
```

还需要给<form>表单添加一个 onSubmit 单击事件：

```
<form id="myform" name="myform" method="post" action="" onsubmit="return
myform_Validator(this)">
```

在增加图书信息时不能让每项添加的信息为空，我们通过 onSubmit 单击事件用
<javascript>脚本来判断，代码如下：

```
<script>
      function myform_Validator(theForm) {
         if (theForm.name.value == "") {
            alert("请输入书名。");
            theForm.name.focus();
            return (false);
         }
         if (theForm.price.value == "") {
            alert("请输入书名价格。");
            theForm.price.focus();
            return (false);
         }
         if (theForm.type.value == "") {
            alert("请输入书名所属类别。");
            theForm.type.focus();
            return (false);
         }
         return (true);
      }
</script>
```

10.4.15　图书查询页面

本小节创建左侧模块查询统计中的图书查询页面，如图 10.18 所示。在该页面中，可以选择图书序号、图书名称、图书价格、入库时间和图书类别，通过填写的图书信息查询出相应的图书，并在页面中展示出来。例如，要查询图书名称中含有 PHP 的数据，效果如图 10.19 所示。

图 10.18　图书查询页面

ID	书名	价格	入库时间	类别	操作
48	PHP项目实战	98.00	2018-12-25 08:12:52	PHP编程	修改 删除
42	PHP从入门到精通	88.00	2018-12-25 08:01:20	PHP编程	修改 删除

首页|上一页|下一页|末页 页次：1/1页 共有2条信息

图 10.19　查询结果

查询文本框内容使用<form>表单，外面使用<table>表格布局，并加入<select><option>选择框。展示页面另外使用一个<table>表格布局。

```
<table width="100%" border="0" align="center" cellpadding="2"
cellspacing="1" bgcolor="#ffffff">
    <tr>
        <td width="80%" height="27" valign="top" bgcolor="#FFFFFF"> 后台
管理 &gt;&gt; 图书查询</td>
    <tr>
        <td height="27" valign="top" bgcolor="#FFFFFF">
            <form id="form1" name="form1" method="post" action=""
style="margin:0px; padding:0px;">
                <table width="45%" height="42" border="0" align="center"
cellpadding="0" cellspacing="0">
                    <caption>请输入查询条件</caption>
                    <tr>
                        <td width="36%" align="center">
                            <select name="seltype" id="seltype">
                                <option value="id">图书序号</option>
                                <option value="name">图书名称</option>
                                <option value="price">图书价格</option>
```

```
                            <option value="time">入库时间</option>
                            <option value="type">图书类别</option>
                        </select>
                    </td>
                    <td width="31%" align="center">
                        <input type="text" name="coun" id="coun" />
                    </td>
                    <td width="33%" align="center">
                        <input type="submit" name="button" id="button"
value="查询" />
                    </td>
                </tr>
            </table>
        </form>
    </td>
  </tr>
</table>
<table width="100%" border="1" align="center" cellpadding="0"
cellspacing="1" bgcolor="#ffffff">
    <tr>
        <td width="7%" height="35" align="center" bgcolor="#FFFFFF">ID</td>
        <td width="28%" align="center" bgcolor="#FFFFFF">书名</td>
        <td width="12%" align="center" bgcolor="#FFFFFF">价格</td>
        <td width="24%" align="center" bgcolor="#FFFFFF">入库时间</td>
        <td width="12%" align="center" bgcolor="#FFFFFF">类别</td>
        <td width="24%" align="center" bgcolor="#FFFFFF">操作</td>
    </tr>
</table>
```

10.4.16　实现图书查询功能

前面已经实现图书后台管理系统新书管理分页的功能，查询的分页功能与前面介绍的基本相同。本节主要讲解查询的功能，并将查询的功能增加到分页功能中。

使用 SQL LIKE 操作符在 WHERE 子句中搜索列中的指定模式。通过选择类型、输入查询的字段来查询图书信息：

```
<?php
$SQL = "SELECT * FROM info_books where ".$_POST['seltype']." like
('%".$_POST['coun']."%')";
?>
```

还要把选择类型、查询输入字段加入每页显示的数据中：

```
<?php
$SQL = "SELECT * FROM info_books where ".$_POST['seltype']." like
```

```
('%".$_POST['coun']."%') order by id desc limit $startno,$pagesize";
    ?>
```

最后把数据库查询到的数据通过 while 语句循环显示出来：

```php
<?php while(@$rows=mysqli_fetch_assoc($rs)) {  ?>
        <tr align="center">
            <td width="7%"><?php echo $rows["id"]?></td>
            <td width="28%" height="26"><?php echo $rows["name"]?></td>
            <td width="12%" height="26"><?php echo $rows["price"]?></td>
            <td width="24%" height="26"><?php echo $rows["uploadtime"]?></td>
            <td width="12%" height="26"><?php echo $rows["type"]?></td>
            <td width="24%">
                <a href="update_book.php?id=<?php echo $rows['id']  ?>">修改
</a>  
                <a href="del_book.php?id=<?php echo $rows['id'] ?>">删除</a>
            </td>
        </tr>
    <?php }  ?>
```

底部需要显示首页、上一页、下一页、末页的导航链接，功能基本与前面的新书管理分页功能类似。

```php
    <tr>
        <th height="25" colspan="6" align="center">
            <?php if($pageno==1) {  ?>
                首页 | 上一页 | <a href="?pageno=<?php echo $pageno+1?>">下一页
</a> |
                <a href="?pageno=<?php echo $_POST['seltype']?>">末页</a>
                <?php } else if($pageno==$pagecount) {  ?>
                <a href="?pageno=1"> 首页 </a> | <a href="?pageno=<?php echo
$pageno-1?>">上一页</a> | 下一页 | 末页
                <?php } else {  ?>
                <a href="?pageno=1"> 首页 </a> | <a href="?pageno=<?php echo
$pageno-1?>">上一页</a> |
                <a href="?pageno=<?php echo $pageno+1?>">下一页</a> |
                <a href="?pageno=<?php echo $pagecount?>">末页</a>
                <?php }  ?>
             页次：<?php echo $pageno ?>/<?php echo $pagecount ?>页  
共有<?php echo $recordcount?>条信息 </th>
    </tr>
```

10.4.17 实现图书统计

本小节创建菜单管理栏中的"图书统计"功能页面。通过此页面对所有图书进行分类统计，效果如图 10.20 所示。

后台管理 >> 图书统计	
图书类别	库内图书
C#编程	本类目共有：1种
C++编程	本类目共有：1种
C语言编程	本类目共有：1种
JAVA编程	本类目共有：1种
PHP编程	本类目共有：2种
Web网页	本类目共有：1种
前端开发	本类目共有：1种
前端框架	本类目共有：2种
数据库	本类目共有：1种

图 10.20　图书统计

该页面主要使用<table>表格来布局，代码如下：

```
<table width="100%" border="0" align="center" cellpadding="0"
cellspacing="1" bgcolor="#BBFFFF">
    <tr>
        <td height="27" colspan="2" align="left" bgcolor="#FFFFFF"> 后台
管理 &gt;&gt; 图书统计</td>
    </tr>
    <tr>
        <td align="center" bgcolor="#FFFFFF" height="27">图书类别</td>
        <td align="center" bgcolor="#FFFFFF">库内图书</td>
    </tr>
</table>
```

内容是通过 SQL 语句查询显示出来的，这里使用 COUNT(*)函数返回表中的记录数，再使用 GROUP BY 语句结合合计函数，根据一个或多个列对结果集进行分组（使用 group by 对 type 进行分组）。

```
<?php
$SQL = "SELECT type, count(*) FROM yx_books group by type";
?>
```

最后使用 while 循环显示数据库中查询到的数据：

```
<?php
$SQL = "SELECT type, count(*) FROM yx_books group by type";
$val=mysqli_query($link,$sql);
while($arr=mysqli_fetch_row($val)){
  echo "<tr height='30'>";
  echo "<td align='center' bgcolor='#FFFFFF'>".$arr[0]."</td>";
  echo "<td align='center' bgcolor='#FFFFFF'>本类目共有: ".$arr[1]." 种
</td>";
  echo "</tr>";
}
?>
```

10.5　图书管理系统文件展示

本节集成前面实现的功能模块，将所有的文件组合成完整系统。

10.5.1　系统内容页面

首先把前面的 book_left 页面和 book_right 页面通过代码整合，组合成名称为 book_center.php 的文件。

```
<html>
<head>
    <meta http-equiv="Content-Type" content="text/html; charset=utf-8" />
    <title>PHP 图书管理系统内容页</title>
    <style type="text/css">
        body {
            overflow:hidden;
        }
    </style>
</head>
<body>
<table    width="100%"    height="100%"    border="0"    cellspacing="0"
cellpadding="0" bgcolor="#BBFFFF">
    <tr>
        <td width="8" bgcolor="#353c44"> </td>
        <td width="200" valign="top">
            <iframe  height="100%"  width="100%"  border="0"  frameborder="0"
src="book_left.php" name="leftFrame" id="leftFrame" title="leftFrame">
            </iframe>
        </td>
        <td width="10" bgcolor="#add2da"> </td>
        <td valign="top">
            <iframe  height="100%"  width="100%"  border="0"  frameborder="0"
src="book_right.php" name="rightFrame" id="rightFrame" title="rightFrame">
            </iframe>
        </td>
        <td width="8" bgcolor="#353c44"> </td>
    </tr>
</table>
</body>
</html>
```

然后创建 admin_index.php 文件，作为管理中心页面。在该页面中使用<iframe>标签，iframe 元素会创建包含另一个文档的内联框架（行内框架）。通过<iframe>把不同的几个页面联系起来，并在 admin_index.php 页面中展示。

通过在 HTML 代码中使用 include_once 引入 book_top.php 文件和 book_center.php 文件，组合成登录后跳转的管理主页面（admin_index.php 文件）。

```html
<!DOCTYPE html>
<html>
<head>
    <title>管理中心</title>
    <meta http-equiv="Content-Type" content="text/html;charset=utf-8">
</head>
<body style="margin: 0; padding: 0;background-color: #008B8B">
<div>
    <?php include_once("book_top.php");?>
</div>
<div style="height: 500px;margin-top: 30px;">
    <?php include_once("book_center.php");?>
</div>
</body>
</html>
```

提　示
include_once 语句在脚本执行期间包含并运行指定文件。include_once 和 include 语句类似，唯一的区别是如果该文件中已经被包含，就不会再次包含。

10.5.2　系统修改密码功能页面

创建一个判断管理员是否登录的页面 book_check.php 文件。

```php
<?php
require_once("config.php");  //引入数据库文件
if($_SESSION["admin"]=="") {
    echo "<script language=javascript>alert('请重新登录！');window.location=
'login.php'</script>";
}
?>
```

require_once 语句和 require 语句完全相同，唯一的区别是 PHP 会检查该文件是否已经被包含，如果包含过就不会再次包含。

下面是管理员修改登录密码 pwd.php 页面的完整代码。

```php
<?php
include("config.php");
require_once('book_check.php');
//引入判断管理员是否登录文件
?>
```

```html
<html>
<head>
    <meta http-equiv="Content-Type" content="text/html; charset=utf-8">
    <title>管理员密码修改</title>
</head>
<body>
<?php
$password = $_SESSION["pwd"];
$SQL = "SELECT * FROM admin where password='$password'";
$rs = mysqli_query($link,$SQL);
$rows = mysqli_fetch_assoc($rs);
$submit = isset($_POST["Submit"])?$_POST["Submit"]:"";
if($submit) {
    if($rows["password"]==$_POST["password"]) {
        $password2=$_POST["password2"];
        $SQL = "UPDATE admin SET password='$password2' where id=2";
        mysqli_query($link,$SQL);
        echo "<script>alert('修改成功,请重新进行登录!');parent.location.href=
'login.php'</script>";
        exit();
    } else
        ?>
        <?php { ?>
        <script>
            alert("原始密码不正确,请重新输入")
            //location.href="li_pwd.php";
        </script>
        <?php
    }
}
?>
<table cellpadding="5" cellspacing="1" border="0" width="100%" align=center
bgcolor="#FFFFFF">
    <form name="renpassword" method="post" action="">
        <tr>
            <th height=40 colspan=4 align="left" style="border-bottom: 5px
solid #BBFFFF">更改管理密码</th>
        </tr>
        <tr>
            <td width="40%" align="right">用户名: </td>
            <td width="60%"><?php echo $rows["username"] ?></td>
        </tr>
        <tr>
            <td align="right">原密码: </td>
            <td><input name="password" type="password" id="password"
```

```
size="20"></td>
        </tr>
        <tr>
            <td align="right">新密码: </td>
            <td><input name="password1" type="password" id="password1"
size="20"></td>
        </tr>
        <tr>
            <td align="right" style="border-bottom: 5px solid #BBFFFF">确认密
码: </td>
            <td style="border-bottom: 5px solid #BBFFFF"><input
name="password2" type="password" id="password2" size="20"></td>
        </tr>
        <tr>
            <td colspan="2" align="center">
                <input class="button" onClick="return check();" type="submit"
name="Submit" value="确定更改">
            </td>
        </tr>
    </form>
  </table>
  </body>
  </html>
  <script type="text/javascript">
      function checkspace(checkstr) {
          var str = '';
          for(i = 0; i < checkstr.length; i++) {
              str = str + ' ';
          }
          return (str == checkstr);
      }
      function check()
      {
          if(checkspace(document.renpassword.password.value)) {
              document.renpassword.password.focus();
              alert("原密码不能为空! ");
              return false;
          }
          if(checkspace(document.renpassword.password1.value)) {
              document.renpassword.password1.focus();
              alert("新密码不能为空! ");
              return false;
          }
          if(checkspace(document.renpassword.password2.value)) {
              document.renpassword.password2.focus();
```

```
            alert("确认密码不能为空！");
            return false;
        }
        if(document.renpassword.password1.value !=
document.renpassword.password2.value) {
            document.renpassword.password1.focus();
            document.renpassword.password1.value = '';
            document.renpassword.password2.value = '';
            alert("新密码和确认密码不相同，请重新输入");
            return false;
        }
        document.admininfo.submit();
    }
</script>
```

10.5.3　系统新书管理页面

本小节将提供图书后台管理系统新书管理的完整功能页面代码。首选创建 book_list.php 文件，然后引入数据库文件 config.php 和判断管理员是否登录的文件 book_check.php。

```
<?php
include("config.php");
require_once('book_check.php');
?>
<html>
<head>
    <meta http-equiv="Content-Type" content="text/html; charset=utf-8" />
    <title>新书管理功能页</title>
</head>
<body>
<?php
$pagesize = 8; //每页显示数
$sql = "select * from info_books";
$rs = mysqli_query($link,$sql);
$recordcount = mysqli_num_rows($rs);
//mysql_num_rows() 返回结果集中行的数目。此命令仅对 SELECT 语句有效
$pagecount = ($recordcount-1)/$pagesize+1;  //计算总页数
$pagecount = (int)$pagecount;
@$pageno = $_GET["pageno"];        //获取当前页
if($pageno == "") {
    $pageno=1;                     //当前页为空时显示第一页
}
if($pageno<1) {
    $pageno=1;                     //当前页小于第一页时显示第一页
}
```

257

```php
    if($pageno>$pagecount) {                 //当前页数大于总页数时显示总页数
        $pageno=$pagecount;
    }
    $startno=($pageno-1)*$pagesize;          //每页从第几条数据开始显示
    $sql="select * from info_books order by id desc limit $startno,$pagesize";
    $rs=mysqli_query($link,$sql);
    ?>
    <table width="95%" border="1" align="center" cellpadding="0"
cellspacing="1" bgcolor="#FFFFFF" >
        <tr>
            <td height="27" colspan="7" align="left" bgcolor="#FFFFFF"> 后台
管理 &gt;&gt; 新书管理</td>
        </tr>
        <tr>
            <td width="6%" height="35" align="center" bgcolor="#BBFFFF">ID</td>
            <td width="25%" align="center" bgcolor="#BBFFFF">书名</td>
            <td width="11%" align="center" bgcolor="#BBFFFF">价格</td>
            <td width="16%" align="center" bgcolor="#BBFFFF">入库时间</td>
            <td width="11%" align="center" bgcolor="#BBFFFF">类别</td>
            <td width="11%" align="center" bgcolor="#BBFFFF">入库总量</td>
            <td width="20%" align="center" bgcolor="#BBFFFF">操作</td>
        </tr>
        <?php
        while($rows=mysqli_fetch_assoc($rs)) {
            ?>
            <tr align="center">
                <td width="6%"><?php echo $rows["id"]?></td>
                <td width="25%" height="26"><?php echo $rows["name"]?></td>
                <td width="11%" height="26"><?php echo $rows["price"]?></td>
                <td width="16%" height="26"><?php echo $rows["uploadtime"]?></td>
                <td width="11%" height="26"><?php echo $rows["type"]?></td>
                <td width="11%" height="26"><?php echo $rows["total"]?></td>
                <td width="20%">
                    <a href="update_book.php?id=<?php echo $rows['id'] ?>">修改
</a>  
                    <a href="del_book.php?id=<?php echo $rows['id'] ?>">删除</a>
                </td>
            </tr>
            <?php } ?>
        <tr>
            <th height="25" colspan="7" align="center">
                <?php if($pageno==1) { ?>
                    首页 | 上一页 | <a href="?pageno=<?php echo $pageno+1 ?> &
id=<?php echo @$id ?>">下一页</a> |
                    <a href="?pageno=<?php echo $pagecount ?> & id=<?php echo
```

```
@$id ?>">末页</a>
                <?php } else if($pageno==$pagecount) { ?>
                    <a href="?pageno=1&id=<?php echo @$id ?>">首页</a> |
                    <a href="?pageno=<?php echo $pageno-1 ?>&id=<?php echo
@$id ?>">上一页</a> | 下一页 | 末页
                <?php } else { ?>
                    <a href="?pageno=1&id=<?php echo @$id?>">首页</a> |
                    <a href="?pageno=<?php echo $pageno-1?>&id=<?php echo @$id?>">
上一页</a> |
                    <a href="?pageno=<?php echo $pageno+1?>&id=<?php echo @$id?>" >
下一页</a> |
                    <a href="?pageno=<?php echo $pagecount?>&id=<?php echo @$id?>">
末页</a>
                <?php } ?>
                 页次: <?php echo $pageno ?>/<?php echo $pagecount ?>页 
共有<?php echo $recordcount?>条信息
            </th>
        </tr>
    </table>
    </body>
    </html>
```

10.5.4　系统新书管理中的修改和删除

在系统新书管理页面中单击"修改"和"删除"链接时，将分别跳转到 update_book.php 和 del_book.php 文件。

在这两个页面中，首先引入数据库文件 config.php 和判断管理员是否登录的文件 book_check.php。

实现删除功能的 del_book.php 文件完整代码如下：

```php
<?php
include("config.php");
require_once('book_check.php');
$SQL = "DELETE FROM info_books where id='".$_GET['id']."'";
$arry=mysqli_query($link,$SQL);
if($arry){
    echo "<script> alert('删除成功');location='book_list.php';</script>";
}
else
    echo "删除失败";
?>
```

实现修改功能的 update_book.php 文件完整代码如下：

```php
<?php
```

259

```php
include("config.php");
require_once('book_check.php');
?>
<html>
<head>
    <meta http-equiv="Content-Type" content="text/html; charset=utf-8" />
    <title>图书管理系统新书修改</title>
    <script type="text/javascript">
        function myform_Validator(theForm) {
            if (theForm.name.value == "") {
                alert("请输入书名。");
                theForm.name.focus();
                return (false);
            }
            if (theForm.price.value == "") {
                alert("请输入书名价格。");
                theForm.price.focus();
                return (false);
            }
            if (theForm.type.value == "") {
                alert("请输入书名所属类别。");
                theForm.type.focus();
                return (false);
            }
            return (true);
        }
    </script>
</head>
<?php
$sql="select * from info_books where id='".$_GET['id']."'";
$arr=mysqli_query($link,$sql);
$rows=mysqli_fetch_row($arr);
//mysqli_fetch_row() 函数从结果集中取得一行，并作为枚举数组返回。一条一条获取，输出结
果为$rows[0],$rows[1],$rows[2], ....
?>
<?php
if(@$_POST['action']=="modify"){
    $sqlstr = "update info_books set name = '".$_POST['name']."', price =
'".$_POST['price']."', uploadtime = '".$_POST['uptime']."', type =
'".$_POST['type']."', total = '".$_POST['total']."' where
id='".$_GET['id']."'";
    $arry=mysqli_query($link,$sqlstr);
    if ($arry){
        echo "<script> alert('修改成功');location='book_list.php';</script>";
    }
```

```
        else{
            echo "<script>alert('修改失败');history.go(-1);</script>";
        }
    }
    ?>
    <body>
    <form id="myform" name="myform" method="post" action="" onSubmit="return
myform_Validator(this)">
        <table width="100%" height="173" border="0" align="center"
cellpadding="5" cellspacing="1" bgcolor="#ffffff">
            <tr>
                <td colspan="2" align="left" style="border-bottom: 5px solid
#BBFFFF"> 后台管理 &gt;&gt; 新书修改</td>
            </tr>
            <tr>
                <td width="31%" align="right">书名：</td>
                <td width="69%">
                    <input name="name" type="text" id="name" value="<?php echo
$rows[1] ?>" size="15" maxlength="30" />
                </td>
            </tr>
            <tr>
                <td align="right">价格：</td>
                <td>
                    <input name="price" type="text" id="price" value="<?php echo
$rows[2]; ?>" size="5" maxlength="15" />
                </td>
            </tr>
            <tr>
                <td align="right">入库时间:
                </td>
                <td>
                    <label>
                        <input name="uptime" type="text" id="uptime" value="<?php
echo $rows[3] ; ?>" size="17" />
                    </label>
                </td>
            </tr>
            <tr>
                <td align="right">所属类别:
                </td>
                <td><label>
                        <input name="type" type="text" id="type" value="<?php echo
$rows[4]; ?>" size="6" maxlength="19" />
                    </label></td>
```

```
        </tr>
        <tr>
            <td align="right" style="border-bottom: 5px solid #BBFFFF">入库总
量：</td>
            <td style="border-bottom: 5px solid #BBFFFF"><input name="total"
type="text" id="total" value="<?php echo $rows[5]; ?>" size="5" maxlength="15"
/>
                本</td>
        </tr>
        <tr>
            <td align="right">
                <input type="hidden" name="action" value="modify">
                <input type="submit" name="button" id="button" value="提交
"/></td>
            <td>
                <input type="reset" name="button2" id="button2" value="重置
"/></td>
        </tr>
    </table>
  </form>
  </body>
  </html>
```

10.5.5　系统新书入库页面

创建 add_book.php 文件，并引入数据库文件 config.php 和判断管理员是否登录的文件 bool_check.php，代码如下：

```php
<?php
include("config.php");
require_once('book_check.php');
?>
<!DOCTYPE html>
<html>
<head>
    <meta http-equiv="Content-Type" content="text/html; charset=utf-8" />
    <title>新书入库</title>
    <script type="text/javascript">
        function myform_Validator(theForm){
            if(theForm.name.value == ""){
                alert("请输入书名。");
                theForm.name.focus();
                return (false);
            }
            if(theForm.price.value == ""){
                alert("请输入书名价格。");
                theForm.price.focus();
```

```
                    return (false);
                }
            if(theForm.type.value == ""){
                alert("请输入书名所属类别。");
                theForm.type.focus();
                return (false);
            }
            return (true);
        }
    </script>
</head>
<?php
if(@$_POST['action']=="insert"){
    $SQL = "INSERT INTO info_books
(name,price,uploadtime,type,total,leave_number)

values('".$_POST['name']."','".$_POST['price']."','".$_POST['uptime']."','".$_
POST['type']."','".$_POST['total']."','".$_POST['total']."')";
    $arr=mysqli_query($link,$SQL);
    if ($arr){
        echo "<script language=javascript>alert('添加成功!
');window.location='add_book.php'</script>";
    }
    else{
        echo "<script>alert('添加失败');history.go(-1);</script>";
    }
}
?>
<body>
<form id="myform" name="myform" method="post" action="" onsubmit="return
myform_Validator(this)">
    <table width="100%" height="173" border="0" align="center"
cellpadding="5" cellspacing="1" bgcolor="#ffffff">
        <tr>
            <td colspan="2" align="left"  style="border-bottom: 5px solid
#BBFFFF"> 后台管理 &gt;&gt; 新书入库</td>
        </tr>
        <tr>
            <td width="31%" align="right">书名：</td>
            <td width="69%">
                <input name="name" type="text" id="name" size="15"
maxlength="30" />
            </td>
        </tr>
        <tr>
            <td align="right">价格：</td>
            <td>
                <input name="price" type="text" id="price" size="5"
maxlength="15" />
```

263

```
            </td>
        </tr>
        <tr>
            <td align="right">日期: </td>
            <td>
                <input name="uptime" type="text" id="uptime" value="<?php echo
date("Y-m-d h:i:s"); ?>" />
            </td>
        </tr>
        <tr>
            <td align="right">所属类别: </td>
            <td>
                <input name="type" type="text" id="type" size="6"
maxlength="19" />
            </td>
        </tr>
        <tr>
            <td align="right" style="border-bottom: 5px solid #BBFFFF">入库总
量: </td>
        °   <td style="border-bottom: 5px solid #BBFFFF"><input name="total"
type="text" id="total" size="5" maxlength="15" />
                本</td>
        </tr>
        <tr>
            <td align="right">
                <input type="hidden" name="action" value="insert">
                <input type="submit" name="button" id="button" value="提交" />
            </td>
            <td>
                <input type="reset" name="button2" id="button2" value="重置" />
            </td>
        </tr>
    </table>
</form>
</body>
</html>
```

10.5.6　系统图书查询页面

创建 select_book.php 文件，并引入数据库文件 config.php 和判断管理员是否登录的文件
book_check.php，代码如下：

```
<?php
include("config.php");
require_once('book_check.php');
?>
<!DOCTYPE html>
<html>
<head>
```

```
        <meta http-equiv="Content-Type" content="text/html; charset=utf-8" />
        <title>图书查询</title>
    </head>
    <body>
    <table width="100%" border="0" align="center" cellpadding="2"
cellspacing="1" bgcolor="#ffffff">
        <tr>
            <td width="80%" height="27" valign="top" bgcolor="#FFFFFF"> 后台
管理 &gt;&gt; 图书查询</td>
        <tr>
            <td height="27" valign="top" bgcolor="#FFFFFF">
                <form id="form1" name="form1" method="post" action=""
style="margin:0px; padding:0px;">
                    <table width="45%" height="42" border="0" align="center"
cellpadding="0" cellspacing="0">
                        <caption>请输入查询条件</caption>
                        <tr>
                            <td width="36%" align="center">
                                <select name="seltype" id="seltype">
                                    <option value="id">图书序号</option>
                                    <option value="name">图书名称</option>
                                    <option value="price">图书价格</option>
                                    <option value="time">入库时间</option>
                                    <option value="type">图书类别</option>
                                </select>
                            </td>
                            <td width="31%" align="center">
                                <input type="text" name="coun" id="coun" />
                            </td>
                            <td width="33%" align="center">
                                <input type="submit" name="button" id="button"
value="查询" />
                            </td>
                        </tr>
                    </table>
                </form>
            </td>
        </tr>
    </table>
    <table width="100%" border="1" align="center" cellpadding="0"
cellspacing="1" bgcolor="#ffffff">
        <tr>
            <td width="7%" height="35" align="center" bgcolor="#FFFFFF">ID</td>
            <td width="28%" align="center" bgcolor="#FFFFFF">书名</td>
            <td width="12%" align="center" bgcolor="#FFFFFF">价格</td>
            <td width="24%" align="center" bgcolor="#FFFFFF">入库时间</td>
            <td width="12%" align="center" bgcolor="#FFFFFF">类别</td>
            <td width="24%" align="center" bgcolor="#FFFFFF">操作</td>
        </tr>
```

```php
<?php
$pagesize = 8;   //每页显示数
@$sql = "select * from info_books where ".$_POST['seltype']." like
('%".$_POST['coun']."%')";
$rs=mysqli_query($link,$sql) or die("");
$recordcount=mysqli_num_rows($rs);
//mysql_num_rows() 返回结果集中行的数目。此命令仅对 SELECT 语句有效
$pagecount=($recordcount-1)/$pagesize+1;        //计算总页数
$pagecount=(int)$pagecount;
@$pageno = $_GET["pageno"];                      //获取当前页
if($pageno=="") {
    $pageno=1;                                   //当前页为空时显示第一页
}
if($pageno<1) {
    $pageno=1;                                   //当前页小于第一页时显示第一页
}
if($pageno>$pagecount) {
    $pageno=$pagecount;                          //当前页数大于总页数时显示总页数
}
$startno=($pageno-1)*$pagesize;                  //每页从第几条数据开始显示
$sql="select * from info_books where ".$_POST['seltype']." like
('%".$_POST['coun']."%') order by id desc limit $startno,$pagesize";
$rs=mysqli_query($link,$sql);
?>
<?php while(@$rows=mysqli_fetch_assoc($rs)) {  ?>
    <tr align="center">
        <td width="7%"><?php echo $rows["id"]?></td>
        <td width="28%" height="26"><?php echo $rows["name"]?></td>
        <td width="12%" height="26"><?php echo $rows["price"]?></td>
        <td width="24%" height="26"><?php echo $rows["uploadtime"]?></td>
        <td width="12%" height="26"><?php echo $rows["type"]?></td>
        <td width="24%">
            <a href="update_book.php?id=<?php echo $rows['id'] ?>">修改
</a>  
            <a href="del_book.php?id=<?php echo $rows['id'] ?>">删除</a>
        </td>
    </tr>
<?php } ?>
<tr>
    <th height="25" colspan="6" align="center">
        <?php if($pageno==1) { ?>
            首页 | 上一页 | <a href="?pageno=<?php echo $pageno+1?>">下一页
</a> |
            <a href="?pageno=<?php echo $_POST['seltype']?>">末页</a>
        <?php } else if($pageno==$pagecount) { ?>
        <a href="?pageno=1">首页</a> | <a href="?pageno=<?php echo
$pageno-1?>">上一页</a> | 下一页 | 末页
            <?php } else { ?>
            <a href="?pageno=1">首页</a> | <a href="?pageno=<?php echo
```

```
$pageno-1?>">上一页</a> |
                <a href="?pageno=<?php echo $pageno+1?>">下一页</a> |
                <a href="?pageno=<?php echo $pagecount?>">末页</a>
                <?php } ?>
             页次: <?php echo $pageno ?>/<?php echo $pagecount ?>页 
共有<?php echo $recordcount?>条信息 </th>
        </tr>
    </table>
    </body>
    </html>
```

在图书查询页面中，图书"修改"和"删除"功能可以继续使用前面介绍的 update_book.php 修改页和 del_book.php 删除页的代码就可以了。

10.5.7　系统图书统计完整代码

创建 count.php 文件，并引入数据库文件 config.php 和判断管理员是否登录的文件 book_check.php，代码如下：

```php
<?php
include("config.php");
require_once('book_check.php');
?>
<html>
<head>
    <meta http-equiv="Content-Type" content="text/html; charset=utf-8" />
    <title>图书统计</title>
</head>
<body>
<table width="100%" border="0" align="center" cellpadding="0"
cellspacing="1" bgcolor="#BBFFFF">
    <tr>
        <td height="27" colspan="2" align="left" bgcolor="#FFFFFF"> 后台
管理 &gt;&gt; 图书统计</td>
    </tr>
    <tr>
        <td align="center" bgcolor="#FFFFFF" height="27">图书类别</td>
        <td align="center" bgcolor="#FFFFFF">库内图书</td>
    </tr>
    <?php
    $sql="select type, count(*) from info_books group by type";
    $val=mysqli_query($link,$sql);
    while($arr=mysqli_fetch_row($val)){
        echo "<tr height='30'>";
        echo "<td align='center' bgcolor='#FFFFFF'>".$arr[0]."</td>";
        echo "<td align='center' bgcolor='#FFFFFF'>本类目共有:
```

267

```
".$arr[1]." 种</td>";
        echo "</tr>";
    }
    ?>
</table>
</body>
</html>
```

10.6 图书管理系统效果展示

整个图书管理系统的实现已经介绍完了，下面来看一下系统的整体效果。

首先在 IE 浏览器中运行 login.php 文件，然后输入管理员姓名（admin）、密码（123456）和验证码，如图 10.21 所示。单击"登录"按钮，弹出提示框，如图 10.22 所示，提示"登录成功"。

图 10.21　首页填写信息　　　　　　　　　　　图 10.22　登录成功提示

单击"确定"按钮，页面跳转到后台管理页面，如图 10.23 所示。

图 10.23　后台管理页面

在后台管理页面中，单击"退出系统"链接，页面将退出系统，返回登录页面。

单击"密码修改"链接，将链接到更改管理密码页面，如图 10.24 所示。填写修改的信息后，单击"确定更改"按钮，如果修改成功，页面就会跳转到登录页面。

单击"新书管理"链接，将链接到新书管理页面，如图 10.25 所示。如果单击"修改"链接，就会链接到新书修改页面，效果如图 10.26 所示；如果单击"删除"链接，就会直接删除对应的记录。

单击"新书入库"链接，就会链接到新书入库页面，如图 10.27 所示。

单击"图书查询"链接，就会链接到图书查询页面。在该页面中可以按信息查找库中的图书。例如，按图书名称查找，书名中包括 PHP 的图书，效果如图 10.28 所示。在该页面中也可以修改和删除图书。

单击"图书统计"链接，就会链接到图书统计页面，效果如图 10.29 所示。

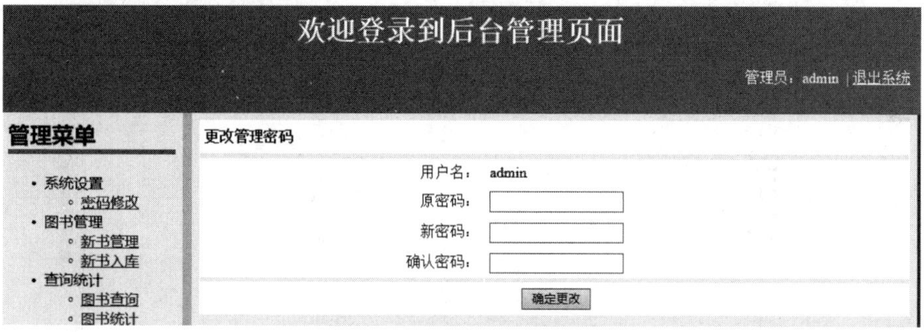

图 10.24 更改管理密码页面

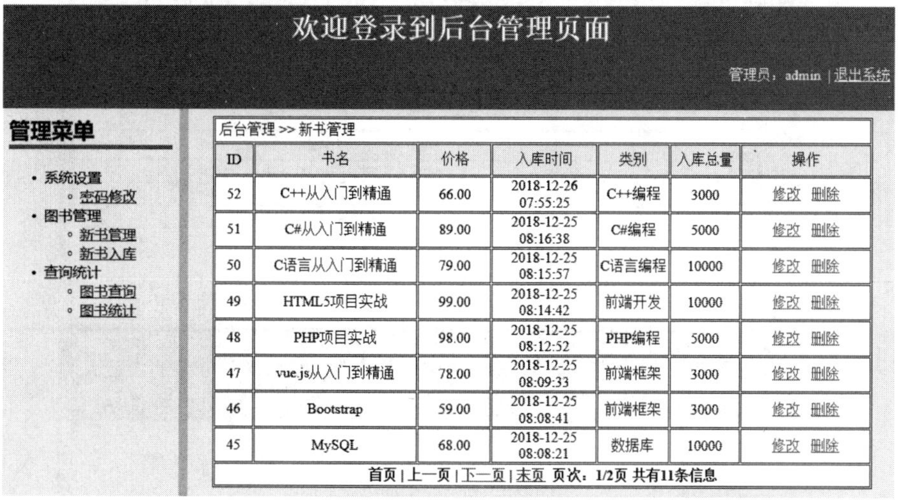

图 10.25 新书管理页面

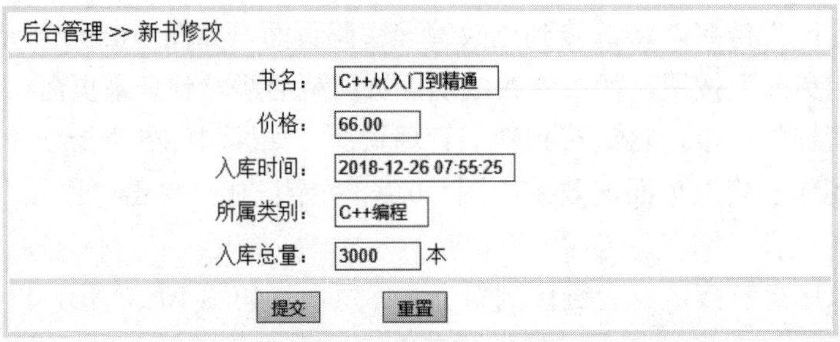

后台管理 >> 新书修改

书名：	C++从入门到精通
价格：	66.00
入库时间：	2018-12-26 07:55:25
所属类别：	C++编程
入库总量：	3000 本

提交　　重置

图 10.26　新书修改页面

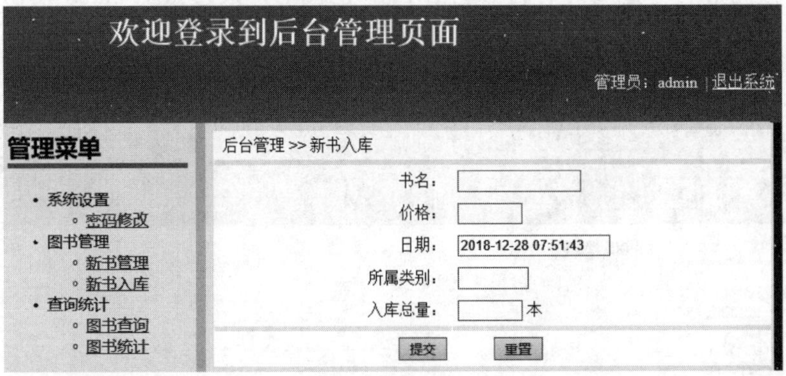

欢迎登录到后台管理页面

管理员：admin | 退出系统

管理菜单

- 系统设置
  - 密码修改
- 图书管理
  - 新书管理
  - 新书入库
- 查询统计
  - 图书查询
  - 图书统计

后台管理 >> 新书入库

书名：	
价格：	
日期：	2018-12-28 07:51:43
所属类别：	
入库总量：	本

提交　　重置

图 10.27　新书入库页面

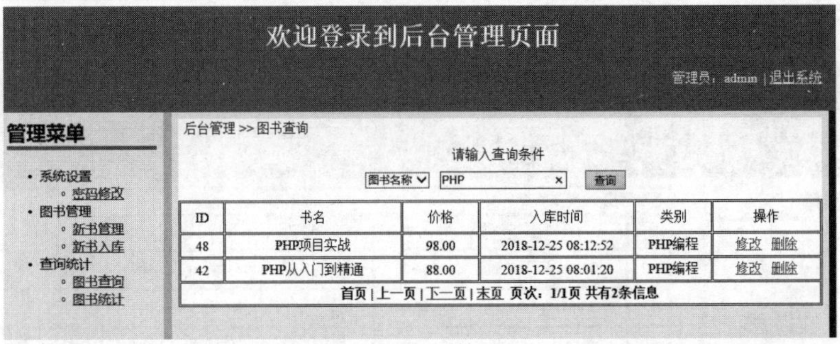

欢迎登录到后台管理页面

管理员：admin | 退出系统

管理菜单

- 系统设置
  - 密码修改
- 图书管理
  - 新书管理
  - 新书入库
- 查询统计
  - 图书查询
  - 图书统计

后台管理 >> 图书查询

请输入查询条件

图书名称 ∨　PHP　×　查询

ID	书名	价格	入库时间	类别	操作
48	PHP项目实战	98.00	2018-12-25 08:12:52	PHP编程	修改 删除
42	PHP从入门到精通	88.00	2018-12-25 08:01:20	PHP编程	修改 删除

首页 | 上一页 | 下一页 | 末页 页次：1/1页 共有2条信息

图 10.28　查询结果

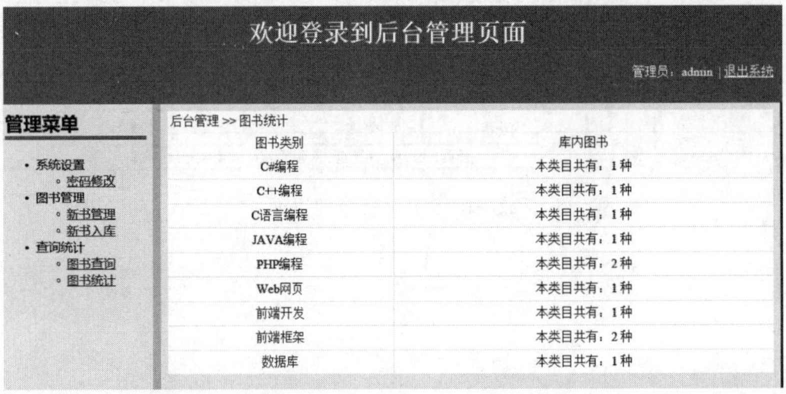

欢迎登录到后台管理页面

管理员：admin | 退出系统

管理菜单

- 系统设置
  - 密码修改
- 图书管理
  - 新书管理
  - 新书入库
- 查询统计
  - 图书查询
  - 图书统计

后台管理 >> 图书统计

图书类别	库内图书
C#编程	本类目共有，1 种
C++编程	本类目共有，1 种
C语言编程	本类目共有，1 种
JAVA编程	本类目共有，1 种
PHP编程	本类目共有，2 种
Web网页	本类目共有，1 种
前端开发	本类目共有，1 种
前端框架	本类目共有，2 种
数据库	本类目共有，1 种

图 10.29　图书统计页面